JN242109

美しい数学を描く
π, e, とオイラーの定数 γ

若原 龍彦
WAKAHARA Tatsuhiko

講談社エディトリアル

はじめに

　数学において最もよく使われる大切な数のなかに，円周率 π とネイピアの数 e があることはご存知のことかと思います．
　円周率 π ($=$ 円周 $\div$ 直径) とは一体どんな値となる数でしょうか．この正確な値を求めるために，昔から多くの数学者によってさまざまな取組みがなされてきました．もちろん現在では

$$\pi = 3.141592653\cdots$$

となる，どこまでも続く無理数であることが知られているのですが．
　他方で，ネイピアの数 e は極限値

$$e = \lim_{n \to \infty} \left(1 + \frac{1}{n}\right)^n$$

で定義される数です．そして値は

$$e = 2.718281828\cdots$$

となるのですが，これもまた無理数になります．この e が自然対数の底として用いられていることは，よく知られているところです．

　円周率 π とネイピアの数 e は，さまざまな場面で現れる数であることは言うまでもないことですが，実は二つの数はいろいろな形で表され，美しい式，綺麗な式となって現れることが多々あるのです．
　例えば，e は無限級数

$$e = 1 + \frac{1}{1!} + \frac{1}{2!} + \frac{1}{3!} + \frac{1}{4!} + \frac{1}{5!} + \cdots$$

で表されます．ここで使われている記号 ! について，例えば $4! = 4 \cdot 3 \cdot 2 \cdot 1$

のことです．極限で定義されたネイピアの数は，実はこのような級数で書かれるのです．

そして，つぎの無限級数

$$1 + \frac{1}{2^2} + \frac{1}{3^2} + \frac{1}{4^2} + \frac{1}{5^2} + \frac{1}{6^2} + \cdots = \frac{\pi^2}{6}$$

についてですが，分子が 1 で分母が自然数 $(1, 2, 3, 4, \cdots)$ の 2 乗からなる分数を順にどこまでも足し合わせていったとき，値は円周率 π の 2 乗を 6 で割った数になると述べています．すなわち値には突然，円周率が現れるのです．正の項が続くこの正項級数はゼータ関数と呼ばれるもののひとつであり，記号を用いて $\zeta(2)$ と書かれます．ここでの数字 2 は，級数のべきを表しています．また $\zeta(4), \zeta(6), \zeta(8), \cdots$ などの正の偶数での値も，同じように円周率 π を用いて表されるのです．

ここで項の符号が $+ - + - \cdots$ と続く，二つの交代級数の例を挙げておきましょう．いずれも綺麗に書かれ，とても美しい式になってます．

分母に奇数が順に現れる級数

$$1 - \frac{1}{3} + \frac{1}{5} - \frac{1}{7} + \frac{1}{9} - \frac{1}{11} + \cdots = \frac{\pi}{4}$$

においては，値は円周率 π で書かれています．しかし，分母に整数が順に現れる級数

$$1 - \frac{1}{2} + \frac{1}{3} - \frac{1}{4} + \frac{1}{5} - \frac{1}{6} + \cdots = \log 2$$

では値は円周率 π ではなく，ネイピアの数 e を底とする自然対数 $\log 2$ で書かれているのです．このように，分母が整数で分子が 1 の二つの級数でありながら，それらの値の様子は大きく異なっているのです．もちろん，無限級数のなかには値が π と $\log 2$ の両方を用いて表されるものさえあるのですが．

上で見られる対数 $\log 2$ は

$$\log 2 = 0.693147180 \cdots$$

となる数ですが，やはり数学のさまざまな場面で登場する数でもあるのです．

つぎにオイラーによる公式からは美しい式

$$e^{i\pi} = -1$$

が得られます．このように，ネイピアの数 e，円周率 π，虚数単位 $i, (i^2 = -1)$，そして自然数 1 の組み合わせからなる，シンプルで美しい式が成り立つのです．また 1^i は実数であって，その値のひとつは

$$1^i = e^{2\pi}$$

となります．この式も $e, \pi, i, 1, 2$ の組み合わせからなる，とても不思議で綺麗な式と言えるものです．

　もうひとつ，虚数単位 i と円周率 π からなる，美しい式を挙げておきましょう．

$$\frac{\log i}{i} = \frac{\pi}{2}$$

記憶されている方も多いと思いますが，対数の真数は正であることを学校では習ってきました．しかし対数を扱う場合，その範囲が実数から複素数にまで広げられたときには，この式の成り立つことが示されるのです．

　話は変わりますが，素数 $2, 3, 5, 7, 11, \cdots$ はばらばらに点在しているかのように思われます．ところで素数の個数については，有名な素数定理が知られていますが，これによれば x 以下の素数の個数はシンプルな式

$$\frac{x}{\log x}$$

で近似して表されるのです．素数の分布については規則性があるようには思われないのですが，その個数については，ネイピアの数を底とする自然対数を用いた式で書き表される，ということになるのです．

　数論において重要なもうひとつの数が，オイラーの定数と言われる数です．この定数は γ（ガンマ）と書かれ，極限値

$$\gamma = \lim_{n \to \infty} \left(1 + \frac{1}{2} + \frac{1}{3} + \cdots + \frac{1}{n} - \log n \right)$$

で定められる，値が

$$\gamma = 0.577215664\cdots$$

となる数です．カッコ内の $\log n$ は，もちろん e を底とする自然対数です．この γ はゼータ関数，ガンマ関数と呼ばれる関数と関係があることなど，数論においては π, e とともに重要な数であり，またなかなか面白味のある数でもあるのです．

つぎの式は，円周率 π をネイピアの数 e を底とする指数の形で表した式です．

$$\pi = e^{\gamma + \frac{1}{2}\frac{\zeta(2)}{2} + \frac{1}{2^2}\frac{\zeta(3)}{3} + \frac{1}{2^3}\frac{\zeta(4)}{4} + \frac{1}{2^4}\frac{\zeta(5)}{5} + \cdots}$$

右辺のべきは，オイラーの定数 γ，およびゼータ関数の値による無限級数で書かれています．π が e のべきの形で表されたこの式は，見るからにとても不思議に思われます．そもそも円周率，ネイピアの数，オイラーの定数およびゼータ関数はそれぞれが無関係に定義されたものですが，実は少々風変りとも言える指数関数の形で結ばれていることになるのです．

つぎの式

$$\frac{1}{2} - \frac{1}{3} + \frac{1}{4} - \frac{1}{5} + \frac{1}{6} - \frac{1}{7} + \cdots = 1 - \log 2$$

は先程の値が $\log 2$ となる級数を書き換えたものです．ここで発想を変え，左辺の項に順に $\zeta(2), \zeta(3), \zeta(4)$ を掛けていったとき式はどうなるのでしょうか．実はこの場合

$$\frac{\zeta(2)}{2} - \frac{\zeta(3)}{3} + \frac{\zeta(4)}{4} - \frac{\zeta(5)}{5} + \frac{\zeta(6)}{6} - \cdots = \gamma$$

となるのです．値は $1 - \log 2$ から変わり，何とここにはオイラーの定数 γ が現れるのです．ゼータ関数によるこのような影響を，級数のゼータ効果と呼ぶことにすれば，このような効果がもたらすいくつかの美しい例を，本文のなかで挙げておきました．ぜひとも，味読していただきたいものです．

以上のように，円周率，ネイピアの数，オイラーの定数，$\log 2$，ゼータ関数の値などは互いに関係があって，さまざまな数式で書き表されることがあるのです．

この本では π, e, γ そして $\log 2$ のそれぞれの数についていろいろな観点

から探り，語るところから始めます．いずれも値の小さな数ではあるのですが，その役割が単に大きいというだけでなく奥の深いところがあり，またとても興味深い数でもあるのです．さらにそれらに関する多くの式が綺麗な式で書かれ，私達をエキゾチックな雰囲気へと導いてくれることになるのです．

　数学についての予備知識ですが，基本的には難解な表現を避け，例えば極限，微分，積分などについても，初等数学の範囲で理解できる内容になるよう心がけました．また普段はあまり使われない記号，例えばガンマ関数 $\Gamma(x)$，ディガンマ関数 $\psi(x)$ などがそうかもしれませんが，見慣れないと思われる箇所については補足説明を加えるなどして，読者の一助となるように工夫をしました．

　円周率 π，ネイピアの数 e，オイラーの定数 γ，そして自然対数 $\log 2$ に潜むさまざまな魅力を，またはその美しさなどを感じとっていただくことができましたら，筆者にとってはこのうえも無い喜びであります．そして，これらの数が描く美しくて不思議な数学の世界を，じっくりと味わっていただけることを願っております．

　実のところ，数学においては多くの芸術性が秘められているのではないかと，筆者はひそかに思っているのです．例えば音楽，絵画や彫刻，庭園や建物などに見られるような，時にはエキサイティングであり，また感動で満たされるときの芸術性というものが数学にもあるのではないかと．

　巻末において，この書物を執筆するにあたり参考にさせていただいた文献についてリストアップしております．本文では十分に説明ができなかった部分や，定理や公式によっては証明の記載ができなかったところもあるのですが，それらの点について興味をお持ちの方は，ぜひ参考文献を参照していただければと思います．

2019 年 8 月　　若原　龍彦

目次

はじめに …………………………………………………………… 001

第 1 章　円周率 π をめぐって …………………………………… 010
　1.1　二つの話題から　010
　1.2　円周率 π の値を求めるために　014
　1.3　ウォリスの公式の魅力　018
　1.4　綺麗な式で表される円周率 π　021

第 2 章　ネイピアの数 e をめぐって …………………………… 027
　2.1　ネイピアの数 e について　027
　2.2　数列で現れるネイピアの数 e　030
　2.3　ネイピアの数 e を表す無限級数の不思議　033
　2.4　関数 $f(x) = e^x$ のテイラー展開から　037
　2.5　連分数について　041

第 3 章　自然対数 $\log 2$ と円周率 π ……………………………… 044
　3.1　自然対数 $\log 2$ をめぐって　044
　3.2　自然対数 $\log 2$ を級数展開すれば　047
　3.3　$\log 2$ を表す級数と π を表す級数　049

第 4 章　円周率 π，ネイピアの数 e，そして虚数単位 i ………… 054
　4.1　美しきオイラーの等式：$e^{i\pi} = -1$　054
　4.2　有名な二つの無限級数の場合　057
　4.3　1 の N 乗根を求める　061

第5章 素数定理について 065
  5.1 素数定理とはどんな定理？　065
  5.2 素数定理をもとにして　069
  5.3 ディリクレによる業績　073
  5.4 二組に分けられる素数　076

第6章 自然対数が描く素数の分布 079
  6.1 素数の並びを見れば　079
  6.2 素数の分布の変化する様子　081
  6.3 n 番目の素数 p_n はどんな数？　084
  6.4 素数 p_n と次の素数 p_{n+1} の差について　088

第7章 ゼータ関数をめぐる旅 091
  7.1 美しいゼータ関数　091
  7.2 ゼータ関数はオイラー積で表される　094
  7.3 ベルヌーイ数とはどんな数？　097
  7.4 ゼータ関数の値はベルヌーイ数で与えられる　100
  7.5 二つの交代級数の場合　102

第8章 フーリエ級数とゼータ関数 107
  8.1 フーリエ級数とは　107
  8.2 フーリエ級数についてのまとめ　109
  8.3 フーリエ級数とゼータ関数　112

第9章 オイラーの定数 γ をめぐって 117
  9.1 オイラーの定数 γ とは，いったいどんな数？　117
  9.2 オイラーの定数を積分で表せば　121
  9.3 オイラー・マクローリンの和公式を用いて　124
  9.4 オイラーの定数を一般化すれば　129
  9.5 $\log m$ の級数展開は美しい　132

第10章 ガンマ関数を探る 136
  10.1 ガンマ関数とは　136

10.2　ワィヤシュトラスの積表示から　139
　10.3　ディガンマ関数の登場　143
　10.4　三つの式　146
　10.5　ディガンマ関数とゼータ関数　149
　10.6　L 関数の場合には　152
　10.7　二つのガンマ，オイラーの定数 γ とガンマ関数 $\Gamma(x)$　155

第 11 章　美しい無限級数の数学の世界　158
　11.1　"級数のゼータ効果"とは　158
　11.2　ゼータ関数が描く優美な無限級数の話　166
　11.3　再び二つの有名な級数について　170

第 12 章　オイラーの定数とゼータ関数　175
　12.1　ゼータ関数が表すオイラーの定数 γ　175
　12.2　ゼータ関数の小数部分の秘密　178
　12.3　オイラーの定数とゼータ関数の関係　184
　12.4　複素関数のなかでは　186

第 13 章　π, e, γ, $\log 2$ がなす不思議な関係　190
　13.1　神秘的な数 e^π　190
　13.2　π, e, i がなすエキゾチックな世界　195
　13.3　π, e, γ, $\log 2$ の不思議な関係　197

第 14 章　アイゼンシュタイン級数の魅力　203
　14.1　アイゼンシュタイン級数とは　203
　14.2　ヤコビの無限積表示とアイゼンシュタイン級数　208
　14.3　三つの見事な式　214

参考文献　219
人名年表　220
索引　221

美しい数学を描く

$\pi, e,$ とオイラーの定数 γ

第1章
円周率πをめぐって

1.1 二つの話題から

　円周率 π の値をできるかぎり正確に求めたいという問題に対しては，かなり以前から多くの人達によって取組みがなされてきました．そのためには，できる限り多くの桁数までを正確に求める必要があります．なぜかと言えば円周率 π は無理数であり，$3.141592\cdots$ となって小数点以下の数字は無限に続くからです．

　円周率を用いて円周の長さが計算され，また円の面積や球の体積が求められます．さらには，無限級数など多くの数式が π で表されることがあり，円周率の正確な数値を求めることは興味本位にとどまらず，大切なことでもあるのです．なお現在ではコンピュータの性能の良さをアピールするために，円周率の値の計算が利用されることがあります．

　最初の話題になりますが，円周率 π の値を求めることについて改めて考えてみることにしましょう．そのために半径が $\frac{1}{2}$ の円に内接する，正多角形の各辺の長さの和を計算することにします．ここでの計算に用いる π は角の大きさを表し，$\pi = 180$ 度のことです．

　例えば，正三角形の一辺の長さは $\cos\frac{\pi}{6}$ ですから，辺の長さの合計は

$$3\cos\frac{\pi}{6} = 3 \cdot \frac{\sqrt{3}}{2} = 2.598076\cdots$$

となります．さらに一般的に言えば，半径が $\frac{1}{2}$ の円に内接する正 n 角形の辺の長さの和 $f(n)$ は

$$f(n) = n\cos\frac{(n-2)\pi}{2n}$$

で表されます．そこで例に続いて，$f(n)$ のいくつかの値を求めてみます．

$$f(5) = 2.938926\cdots$$
$$f(10) = 3.090169\cdots$$
$$f(20) = 3.128689\cdots$$
$$f(100) = 3.141075\cdots$$
$$f(1000) = 3.141587\cdots$$

この場合，$f(n)$ を一般項とする数列 $\{f(n)\}$ は円周率に収束する，ということになります．実際のところ円周率 π は無理数であり

$$\pi = 3.141592653589793238\cdots$$

となります．

こんどは，半径が $\dfrac{1}{2}$ の円に外接する正 n 角形について考えてみます．この場合，各辺の長さの合計は

$$g(n) = n \tan \frac{\pi}{n}$$

となるのですが，これについても，いくつかの例を計算しておきましょう．

$$g(5) = 3.632712\cdots$$
$$g(10) = 3.249196\cdots$$
$$g(20) = 3.167688\cdots$$
$$g(100) = 3.142626\cdots$$
$$g(1000) = 3.141602\cdots$$

この場合も，極限 $\lim_{n \to \infty} g(n)$ は円周率を表すということになります．

このような方法により円周率を求めるためには，計算式で使われた三角関数 $\cos \dfrac{(n-2)\pi}{2n}$ または $\tan \dfrac{\pi}{n}$ の値を，できるだけ正しく算出しなければなりません．今では，電卓によってはかなり正確な値が得られるのですが，以前は必ずしもそういうわけにはいかなかったのですから．

ここで改めて有理数と無理数について，少し説明をしておきましょう．

ご承知のとおり，私達が普段使っている実数は，有理数と無理数を合わせた数のことです．このうち a, b を整数としたとき，分数 $\dfrac{b}{a}, (a \neq 0)$ で書き表される数を有理数といいます．整数 b は $a = 1$ の場合ですから，これも有理数に含まれます．すなわち有理数のなかには，分数のほかに整数が含まれることになります．そして小数のうち，有限小数および循環小数も有理数に含まれます．これまでのいずれの数も正負を問いませんが，とくに正の整数を自然数と呼んでいるのです．

無理数は，分数の形では表すことのできない数のことです．身近な例としては

$$\pi = 3.141\cdots, \quad e = 2.718\cdots, \quad \sqrt{2} = 1.414\cdots$$

などがありますが，これらは，循環しない無限小数になります．

円周率 π の値をできるかぎり正しく計算するために，または π を表す式を導くために，過去においてはさまざまな試みがなされてきました．ここでは二つ目の話題について，すなわち π を表す数式を求めたいのですが，そのなかで美しい式としてよく知られているライプニッツの級数について見てみたいと思います．

この級数は

$$1 - \frac{1}{3} + \frac{1}{5} - \frac{1}{7} + \frac{1}{9} - \frac{1}{11} + \cdots = \frac{\pi}{4}$$

で書き表されます．見てもわかるように，値が $\dfrac{\pi}{4}$ で，級数の各項の分数には奇数が順に現れ，正，負の項が繰り返される美しい交代級数の例としてよく知られているものです．

ところでこのライプニッツの級数が成り立つことは，以下のようにして証明されます．

実数 x に対し

$$\frac{1}{1+x^2} = 1 - x^2 + x^4 - x^6 + \cdots + (-1)^n x^{2n} + R_n(x)$$

とおくことにします．このときの $R_n(x)$ は，等比級数の和の公式からつぎ

のようになります．

$$R_n(x) = \frac{1}{1+x^2} - \frac{1-(-x^2)^{n+1}}{1+x^2} = \frac{(-1)^{n+1}x^{2n+2}}{1+x^2}$$

そこで，式の両辺を 0 から 1 まで積分します．まず左辺については置換積分によります．すなわち $x = \tan\theta$ とおけば $dx = \dfrac{1}{\cos^2\theta}d\theta$ ですから

$$\int_0^1 \frac{1}{1+x^2}dx = \int_0^{\pi/4} \frac{1}{1+\tan^2\theta} \cdot \frac{1}{\cos^2\theta}d\theta = \int_0^{\pi/4} d\theta = \Big[\theta\Big]_0^{\pi/4} = \frac{\pi}{4}$$

となることがわかります．右辺は

$$\int_0^1 \Big(1 - x^2 + x^4 - x^6 + \cdots + (-1)^n x^{2n} + R_n(x)\Big)dx$$
$$= 1 - \frac{1}{3} + \frac{1}{5} - \frac{1}{7} + \cdots + (-1)^n \frac{1}{2n+1} + \int_0^1 R_n(x)dx$$

となるのですが，このうち積分項について絶対値をとれば

$$\left|\int_0^1 R_n(x)dx\right| \leq \int_0^1 |R_n(x)|\,dx = \int_0^1 \left|\frac{(-1)^{n+1}x^{2n+2}}{1+x^2}\right|dx$$
$$= \int_0^1 \frac{x^{2n+2}}{1+x^2}dx \leq \int_0^1 x^{2n+2}dx = \left[\frac{x^{2n+3}}{2n+3}\right]_0^1 = \frac{1}{2n+3}$$

となります．ここで $n \to \infty$ とすれば，最後の式について $\dfrac{1}{2n+3} \to 0$ であり，したがって

$$\lim_{n \to \infty} \left|\int_0^1 R_n(x)dx\right| = 0$$

であることがわかります．

　以上により，ライプニッツの級数の成り立つことが示されました．

　ライプニッツの級数の最初からいくつかの項までの和を計算して，π の近似値を求めてみましょう．例えば第 5 項である $\dfrac{1}{9}$ までの和をもとにして

$$4\left(1 - \frac{1}{3} + \frac{1}{5} - \frac{1}{7} + \frac{1}{9}\right) = 3.339682\cdots$$

が得られます．また第 10 項である $-\dfrac{1}{19}$ までの和をもとに $3.041839\cdots$ が得られ，さらに第 11 項である $\dfrac{1}{21}$ までの和をもとに $3.232315\cdots$ が得られます．

　これからも言えるのですが，ライプニッツの級数は収束が遅いために，円周率の値を求めるために適しているとは言えません．なお今の場合は交代級数ですから，このときの値は波を打ちながら次第に円周率 $3.141592\cdots$ に収束することになります．

　ライプニッツの級数は，17 世紀の後半から 18 世紀にかけて活躍したドイツの数学者であり哲学者である，ライプニッツ（Leibniz）によるものです．しかしこの級数は，それより 300 年程前にインドのマーダヴァによって既に発見されているので，マーダヴァ・ライプニッツの級数と呼ばれることがあります．

1.2　円周率 π の値を求めるために

　円周率を求める際にしばしば用いられる式のなかに，グレゴリーの級数とマチンの公式があります．この二つの式においては，逆正接関数と言われる関数が使われていますので，先に，この関数について説明しておきましょう．なお関数 $y = f(x)$ に対して，$x = f(y)$ で表される関数を逆関数と言います．

　関数 $x = \tan y$ は，$-\dfrac{\pi}{2} < y < \dfrac{\pi}{2}$ で単調増加関数ですから，その逆関数である $y = \tan^{-1} x$ または $y = \arctan x$ が成り立ちます．これを逆正接関数と呼んでいるのです．例えば，$\tan \dfrac{\pi}{6} = \dfrac{1}{\sqrt{3}}$ なので，$\dfrac{\pi}{6}$ は逆正接関数を用いて

$$\frac{\pi}{6} = \tan^{-1} \frac{1}{\sqrt{3}}$$

と書き表されることになります．

　同じようにして，関数 $x = \sin y$ および $x = \cos y$ についても逆関数が成り立つことになります．

1.2 円周率 π の値を求めるために

関数 $x = \sin y$ は $-\dfrac{\pi}{2} \leq y \leq \dfrac{\pi}{2}$ においては単調増加関数であるので，その逆関数である $y = \sin^{-1} x$ または $y = \arcsin x$ が成り立ちます．また $x = \cos y$ については $0 \leq y \leq \pi$ において単調減少関数であり，その逆関数である $y = \cos^{-1} x$ または $y = \arccos x$ が成り立つのです．これらはそれぞれ，逆正弦関数，逆余弦関数と呼ばれています．

逆正接関数である $\tan^{-1} x$ は，級数展開

$$\tan^{-1} x = x - \frac{x^3}{3} + \frac{x^5}{5} - \frac{x^7}{7} + \frac{x^9}{9} - \cdots, \quad (|x| < 1)$$

で表されますが，これをグレゴリー（Gregory）の級数と呼んでいます．この場合，x が与えられたときの $\tan^{-1} x$ が級数展開の形で書かれることになります．なお，$\alpha = \tan^{-1} x, (|\alpha| < \dfrac{\pi}{4})$ すなわち $x = \tan \alpha$ とすれば，式は

$$\alpha = \tan \alpha - \frac{\tan^3 \alpha}{3} + \frac{\tan^5 \alpha}{5} - \frac{\tan^7 \alpha}{7} + \frac{\tan^9 \alpha}{9} - \cdots$$

となり，α は $\tan \alpha$ を用いて書かれることになります．

ところで，グレゴリーの級数は，つぎのようにして導かれます．

x に関する級数

$$\frac{1}{1+x^2} = 1 - x^2 + x^4 - x^6 + x^8 - \cdots, \quad (|x| < 1)$$

について両辺を 0 から $X, (|X| < 1)$ まで積分します．この場合も置換積分によります．すなわち $x = \tan \theta$ とおけば $\theta = \tan^{-1} x$ ですが，このとき $dx = \dfrac{1}{\cos^2 \theta} d\theta$ ですから，左辺は

$$\int_0^X \frac{1}{1+x^2} dx = \int_0^{\tan^{-1} X} \frac{1}{1+\tan^2 \theta} \cdot \frac{1}{\cos^2 \theta} d\theta = \int_0^{\tan^{-1} X} d\theta = \tan^{-1} X$$

となります．また右辺は

$$\int_0^X \left(1 - x^2 + x^4 - x^6 + \cdots \right) dx = X - \frac{1}{3}X^3 + \frac{1}{5}X^5 - \frac{1}{7}X^7 + \cdots$$

となります．

以上により，グレゴリーの級数が導かれました．なおこの級数は，後において使われることになります．

ところで，グレゴリーの級数において $x=1$ とおいた場合にも式は成り立つのです．すなわち，$\tan^{-1} 1 = \dfrac{\pi}{4}$ ですから，このときライプニッツの級数が得られることになります．

この級数を用いて円周率を表した場合の，もうひとつの例を挙げておくことにします．

$x = \dfrac{1}{\sqrt{3}}$ とおけば，$\tan^{-1} \dfrac{1}{\sqrt{3}} = \dfrac{\pi}{6}$ ですから

$$\frac{\pi}{2\sqrt{3}} = 1 - \frac{1}{3} \cdot \frac{1}{3^1} + \frac{1}{5} \cdot \frac{1}{3^2} - \frac{1}{7} \cdot \frac{1}{3^3} + \frac{1}{9} \cdot \frac{1}{3^4} - \cdots$$

が得られます．この式をもとにして，例えば第 10 項までの和を計算すると，π の近似値として

$$2\sqrt{3} \left(1 - \frac{1}{3} \cdot \frac{1}{3^1} + \frac{1}{5} \cdot \frac{1}{3^2} - \frac{1}{7} \cdot \frac{1}{3^3} + \cdots - \frac{1}{19} \cdot \frac{1}{3^9} \right) = 3.141590 \cdots$$

が得られます．なお前にも述べたように $\pi = 3.1415926 \cdots$ ですから，今の場合には小数点以下 5 桁まで正しく計算されていることになります．これによっても，級数の収束が速いということがわかります．

つぎに，マチンの公式について説明します．

円周率 π の値を求めるためのよく知られた方法のひとつに，17 世紀から 18 世紀にかけて活躍したイギリスの天文学者マチン（Machin）による公式があります．この公式は，逆正接関数 $y = \tan^{-1} x$ を用いて円周率 π の値を表す方法で

$$\frac{\pi}{4} = 4 \tan^{-1} \frac{1}{5} - \tan^{-1} \frac{1}{239}$$

というものです．これにグレゴリーの級数を適用したときの式は収束が速いために，効率よく円周率の値が求められるということになるのです．

まず上の公式はつぎのようにして得られます．

$\tan\alpha = \dfrac{1}{5}, \left(\alpha = \tan^{-1}\dfrac{1}{5}\right)$ とすると，2倍角の公式により

$$\tan 2\alpha = \frac{2\tan\alpha}{1-\tan^2\alpha} = \frac{5}{12}$$

です．これを用いて $\tan 4\alpha$ は

$$\tan 4\alpha = \frac{2\tan 2\alpha}{1-\tan^2 2\alpha} = 1 + \frac{1}{119}$$

となります．$\tan 4\alpha$ の値が得られたので $\tan\left(4\alpha - \dfrac{1}{4}\right)$ は

$$\tan\left(4\alpha - \frac{\pi}{4}\right) = \frac{\tan 4\alpha - \tan\dfrac{\pi}{4}}{1 + \tan 4\alpha \cdot \tan\dfrac{\pi}{4}} = \frac{1}{239}$$

と求められます．つぎにこの式に $\alpha = \tan^{-1}\dfrac{1}{5}$ を代入すると

$$\tan\left(4\tan^{-1}\frac{1}{5} - \frac{\pi}{4}\right) = \frac{1}{239}$$

となり，これにより初めに挙げたマチンの公式が導かれるのです．

そこでグレゴリーの級数において $x = \dfrac{1}{5}$，および $x = \dfrac{1}{239}$ とおいたときの式をマチンの公式に代入すれば

$$\begin{aligned}\frac{\pi}{4} = {}&4\left(\frac{1}{5} - \frac{1}{3}\cdot\frac{1}{5^3} + \frac{1}{5}\cdot\frac{1}{5^5} - \frac{1}{7}\cdot\frac{1}{5^7} + \frac{1}{9}\cdot\frac{1}{5^9} - \cdots\right)\\ &- \left(\frac{1}{239} - \frac{1}{3}\cdot\frac{1}{239^3} + \frac{1}{5}\cdot\frac{1}{239^5} - \frac{1}{7}\cdot\frac{1}{239^7} + \frac{1}{9}\cdot\frac{1}{239^9} - \cdots\right)\end{aligned}$$

となります．

前にも述べたように，この級数の収束は速く π の値を求めるためには都合の良い式と言えます．例えば右辺のカッコ内の二つの式についてそれぞれ第 5 項までをとり，小数点以下 10 桁までを計算すると，初めの式は 0.1973955617 となり，また後の式は 0.0041840760 となります．よって π の近似値として

$$4 \times (4 \times 0.1973955617 - 0.0041840760) = 3.1415926832$$

が得られることになります．これは小数点以下7桁までが正しい数値です．

1.3　ウォリスの公式の魅力

17世紀中頃に活躍したイギリスのウォリス（Wallis）によるウォリスの公式について，つぎに説明をしておきましょう．この公式は，π を無限積で表したもので
$$\frac{\pi}{2} = \frac{2 \cdot 2}{1 \cdot 3} \cdot \frac{4 \cdot 4}{3 \cdot 5} \cdot \frac{6 \cdot 6}{5 \cdot 7} \cdot \frac{8 \cdot 8}{7 \cdot 9} \cdot \frac{10 \cdot 10}{9 \cdot 11} \cdots$$
という，とても美しい式で書かれています．分母には奇数が順に現れ，また分子には偶数が順に現れるのです．

ウォリスの公式は，以下のとおり導かれます．このなかでとくに前半に見られる部分積分については，学習者にとっては定石にもなっている，おなじみの方法といえるものです．少し，丁寧に見ていきましょう．

I_n を
$$I_n = \int_0^{\pi/2} \sin^n x dx$$
とおきます．このとき最初の I_0, I_1 はつぎのようになります．
$$I_0 = \int_0^{\pi/2} dx = \frac{\pi}{2}, \quad I_1 = \int_0^{\pi/2} \sin x dx = 1$$
$n \geq 2$ のときには，I_n は部分積分により
$$\int_0^{\pi/2} \sin^n x dx = -\int_0^{\pi/2} \sin^{n-1} x (\cos x)' dx$$
$$= -\left[\sin^{n-1} x \cos x \right]_0^{\pi/2} + \int_0^{\pi/2} (n-1) \sin^{n-2} x \cos^2 x dx$$
$$= (n-1) \int_0^{\pi/2} \sin^{n-2} x (1 - \sin^2 x) dx$$
$$= (n-1) \int_0^{\pi/2} \sin^{n-2} x dx - (n-1) \int_0^{\pi/2} \sin^n dx$$
と式変形されます．したがって

$$I_n = \frac{n-1}{n} I_{n-2}$$

が成り立つことになります．これにより，I_n と I_{n-2} の二つの項の関係を示す漸化式が得られます．そしてこの漸化式を繰り返し用いることにより，I_{2n}, I_{2n+1} はそれぞれ

$$I_{2n} = \frac{2n-1}{2n} \cdot \frac{2n-3}{2n-2} \cdot \frac{2n-5}{2n-4} \cdots \frac{3}{4} \cdot \frac{1}{2} \cdot \frac{\pi}{2}$$

$$I_{2n+1} = \frac{2n}{2n+1} \cdot \frac{2n-2}{2n-1} \cdot \frac{2n-4}{2n-3} \cdots \frac{4}{5} \cdot \frac{2}{3} \cdot 1$$

となります．

ところで $0 \leq x \leq \dfrac{\pi}{2}$ のとき $0 \leq \sin x \leq 1$ であり，これから

$$0 \leq \sin^{2n+1} x \leq \sin^{2n} x \leq \sin^{2n-1} x$$

となり，よって

$$0 \leq I_{2n+1} \leq I_{2n} \leq I_{2n-1}$$

となります．したがって

$$\frac{2n}{2n+1} \left(= \frac{I_{2n+1}}{I_{2n-1}} \right) \leq \frac{I_{2n+1}}{I_{2n}} \leq 1$$

となることがわかります．前半の等式は，先に得られた I_n と I_{n-2} の漸化式において，n に $2n+1$ をおくことにより得られます．ここで I_{2n} および I_{2n+1} は既に n で表されているので，$\dfrac{I_{2n+1}}{I_{2n}}$ も n で表されることになります．これを用いて上の不等式は

$$\frac{2n}{2n+1} \leq \frac{2n \cdot 2n \cdot (2n-2)(2n-2) \cdots 4 \cdot 4 \cdot 2 \cdot 2}{(2n+1)(2n-1)(2n-1) \cdots 3 \cdot 3 \cdot 1 \cdot 1} \cdot \frac{2}{\pi} \leq 1$$

と書き改められます．さらにこの不等式において $n \to \infty$ とすれば，左の式について $\dfrac{2n}{2n+1} \to 1$ となります．

以上により，ウォリスの公式の成り立つことが示されました．

ところで $\sin x$ について，無限積

$$\sin x = x \prod_{n=1}^{\infty} \left(1 - \frac{x^2}{n^2 \pi^2}\right)$$

が成り立つことが知られています．ここで見られる記号 $\prod_{n=1}^{\infty}$ は $n = 1, 2, 3, \cdots$ とおいたときの積を表すので，$\sin x$ は

$$\sin x = x \left(1 - \frac{x^2}{\pi^2}\right)\left(1 - \frac{x^2}{2^2 \pi^2}\right)\left(1 - \frac{x^2}{3^2 \pi^2}\right)\left(1 - \frac{x^2}{4^2 \pi^2}\right)\cdots$$

となります．ですから，この無限積において $x = \frac{\pi}{2}$ とすれば

$$\frac{2}{\pi} = \left(1 - \frac{1}{2^2}\right)\left(1 - \frac{1}{4^2}\right)\left(1 - \frac{1}{6^2}\right)\left(1 - \frac{1}{8^2}\right)\cdots$$

と表されることになります．そこでこの式の逆数をとると，π を無限積で表すウォリスの公式

$$\frac{\pi}{2} = \frac{2 \cdot 2}{1 \cdot 3} \cdot \frac{4 \cdot 4}{3 \cdot 5} \cdot \frac{6 \cdot 6}{5 \cdot 7} \cdot \frac{8 \cdot 8}{7 \cdot 9} \cdot \frac{10 \cdot 10}{9 \cdot 11} \cdots$$

が導かれるのです．

　つぎに，この公式の両辺を 2 で割れば

$$\frac{\pi}{4} = \frac{2 \cdot 4}{3 \cdot 3} \cdot \frac{4 \cdot 6}{5 \cdot 5} \cdot \frac{6 \cdot 8}{7 \cdot 7} \cdots = \left(1 - \frac{1}{3^2}\right)\left(1 - \frac{1}{5^2}\right)\left(1 - \frac{1}{7^2}\right)\cdots$$

となり，新たな無限積による表示が現れます．この場合，右辺の各カッコ内の分数の分母には，奇数の 2 乗が順に続くことになります．

　今までに得られた二つの無限積

$$\frac{2}{\pi} = \prod_{n=1}^{\infty} \left(1 - \frac{1}{(2n)^2}\right), \quad \frac{\pi}{4} = \prod_{n=1}^{\infty} \left(1 - \frac{1}{(2n+1)^2}\right)$$

を比較しながら，改めて見てみましょう．すると二つの式からは，とても不思議な感じが漂ってきます．

　左の式について，右辺の積に見られる分母は偶数の 2 乗であり，また左辺の分母は π で書かれています．これに対して右の式については，右辺の積

に見られる分母は奇数の 2 乗であり，また左辺の分子が π で書かれています．このように二つの式は，まるで対照的な姿の様相を示していると言えるのです．

つぎに上の二つの式を掛け合わせると，円周率 π が消去されて無限積

$$\frac{1}{2} = \left(1 - \frac{1}{2^2}\right)\left(1 - \frac{1}{3^2}\right)\left(1 - \frac{1}{4^2}\right)\left(1 - \frac{1}{5^2}\right)\cdots$$

が得られます．ところで第 7 章において詳しく説明しますが，ゼータ関数 $\zeta(2)$ のオイラー積の逆数をとった式から

$$\frac{6}{\pi^2} = \left(1 - \frac{1}{2^2}\right)\left(1 - \frac{1}{3^2}\right)\left(1 - \frac{1}{5^2}\right)\left(1 - \frac{1}{7^2}\right)\cdots$$

が成り立ちます．ここでの無限積について，カッコ内の分数の分母にはすべての素数の 2 乗が順に続くことになるのです．したがって今の二つの式から，こんどは

$$\frac{\pi^2}{12} = \left(1 - \frac{1}{4^2}\right)\left(1 - \frac{1}{6^2}\right)\left(1 - \frac{1}{8^2}\right)\left(1 - \frac{1}{9^2}\right)\cdots$$

が成り立つことが示されます．ここで無限積について，分数の分母にはすべての合成数の 2 乗が順に続くことになります．

これらの二つの無限積を，もう一度よく眺めてみましょう．するとつぎのことに気が付くことになるでしょう．すなわち素数を用いて書かれた無限積の値においては分母に π^2 が現れるのに対し，合成数を用いて書かれた無限積の値においては分子に π^2 が現れるのです．素数と合成数の違いから生じる，とても不思議な様子が伝わってくるようです．

1.4 綺麗な式で表される円周率 π

π は無限級数，無限積などのさまざまな式で表されるのですが，これらの多くがシンプルで見栄えがあり，整った形で書かれることになるのです．そのなかで，美しく書かれる例としてライプニッツの級数があり，また値を求めるためには収束の速いことがポイントになるのですが，そのひとつの例と

してマチンの公式がありました．

　この節においては，π を表すその他の例について紹介することにしたいと思います．

　ライプニッツの級数は，分母が 2 の倍数となる項は含まれていませんでした．これに対して，分母が 3 の倍数となる項が含まれない交代級数は

$$1 - \frac{1}{2} + \frac{1}{4} - \frac{1}{5} + \frac{1}{7} - \frac{1}{8} + \cdots = \frac{\pi}{3\sqrt{3}}$$

となります．この級数の値も，やはり円周率 π で表されます．

　つぎに，オイラーによる円周率 π を表す無限級数の例を挙げておきます．

$$1 + \frac{1}{2^2} + \frac{1}{3^2} + \frac{1}{4^2} + \frac{1}{5^2} + \frac{1}{6^2} + \cdots = \frac{\pi^2}{6}$$

この無限級数はゼータ関数のひとつの例ですが，各項の分母のべきが 2 であり，記号を用いて $\zeta(2)$ と書かれます．ゼータ関数の正の偶数での値は，このように円周率 π を用いた式で表されるのですが，これに関しては後において詳しく説明することにします．

　さらに変わったところでは，つぎの級数において，値はやはり円周率を用いて表されるのです．

$$\frac{1+2}{(1\cdot 2)^2} + \frac{3+4}{(3\cdot 4)^2} + \frac{5+6}{(5\cdot 6)^2} + \frac{7+8}{(7\cdot 8)^2} + \cdots = \frac{\pi^2}{12}$$

そして円周率 π は無限級数

$$\pi = 4 - \frac{1}{2} \sum_{n=1}^{\infty} \frac{1}{n^2 - 16^{-1}}$$

で表されます．この右辺について例えば $n = 1, 2, \cdots, 60$ までの和をとった場合には

$$4 - \frac{1}{2}\left(\frac{1}{1^2 - 16^{-1}} + \frac{1}{2^2 - 16^{-1}} + \frac{1}{3^2 - 16^{-1}} + \cdots + \frac{1}{60^2 - 16^{-1}}\right) = 3.1498\cdots$$

となります．実際には $\pi = 3.1415\cdots$ ですから，このときの値は 3 桁まで

が正しいということになります．ただしこの級数の収束は，それ程速いわけではありません．

またつぎの式が成り立ちます．

$$\frac{3\sqrt{3}}{2\pi} = \left(1 - \frac{1}{3^2}\right)\left(1 - \frac{1}{6^2}\right)\left(1 - \frac{1}{9^2}\right)\left(1 - \frac{1}{12^2}\right)\cdots$$

右辺の積における分数の分母には，3 の倍数の 2 乗が順に現れます．この式は，やはり前節で説明した $\sin x$ についての無限積を適用したときの，もうひとつの例になります．

そしてブラウンカー（Brouncker）は以下のように，円周率 π を連分数で表しました．この式も，とても綺麗な形で書き表されています．

$$\frac{\pi}{4} = \cfrac{1}{1 + \cfrac{1^2}{2 + \cfrac{3^2}{2 + \cfrac{5^2}{2 + \cfrac{7^2}{2 + \cfrac{9^2}{2 + \cfrac{11^2}{\cdots}}}}}}}$$

ヴィエト（Viète）は円周率 π を

$$\frac{2}{\pi} = \frac{\sqrt{2}}{2} \cdot \frac{\sqrt{2 + \sqrt{2}}}{2} \cdot \frac{\sqrt{2 + \sqrt{2 + \sqrt{2}}}}{2} \cdots$$

で表しました．右辺は自然数 2 だけを用いて書かれ，多重根号による無限積からなる美しい式になっています．そしてユニークな姿であり，とてもエキゾチックな雰囲気の漂う式となっています．

以下において，この式を導いてみましょう．

まず三角関数における $\sin \alpha$ の 2 倍角の公式

$$\sin 2\alpha = 2 \sin \alpha \cos \alpha$$

から

$$\frac{\sin x}{x} = \cos\frac{x}{2} \cdot \frac{\sin(x/2)}{x/2}$$

となります．そこで式を繰り返し適用することにより

$$\frac{\sin x}{x} = \cos\frac{x}{2} \cos\frac{x}{2^2} \cos\frac{x}{2^3} \cdots \cos\frac{x}{2^n} \cdot \frac{\sin(x/2^n)}{x/2^n}$$

が得られます．ここで $x = \dfrac{\pi}{2}$ とおき（式のなかでは $|_{x=\pi/2}$ と書き），右辺については半角の公式

$$\cos^2\frac{\alpha}{2} = \frac{1+\cos\alpha}{2}$$

を適用します．すると

$$\cos\frac{x}{2}\Big|_{x=\pi/2} = \cos\frac{\pi}{4} = \frac{\sqrt{2}}{2}$$

$$\cos\frac{x}{2^2}\Big|_{x=\pi/2} = \sqrt{\frac{1+\cos(\pi/4)}{2}} = \frac{\sqrt{2+\sqrt{2}}}{2}$$

$$\cdots\cdots\cdots\cdots$$

となります．最後の積については，$n \to \infty$ とすれば

$$\frac{\sin(x/2^n)}{x/2^n} \to 1$$

です．つぎに左辺は

$$\frac{\sin x}{x}\Big|_{x=\pi/2} = \frac{2}{\pi}$$

となります．

以上により，ヴィエトによる式が導かれることになります．

つぎに円周率 π は，さまざまな積分によっても表されます．そこで以下において，これに関するいくつかの例を挙げておきましょう．

最初に，π はつぎの簡単な積分において見られます．

$$\int_0^1 \sqrt{1-x^2}\,dx = \frac{\pi}{4}$$

被積分関数 $y = \sqrt{1-x^2}$ は半径が 1 の四分円なので，積分の値，すなわち

この図形がなす面積は $\frac{\pi}{4}$ になります．

つぎに，値が $\frac{\pi}{4}$ となる積分

$$\int_0^1 \frac{1}{1+x^2}dx = \frac{\pi}{4}$$

については既に述べたところです．ところで，この式の積分区間を変えて 0 から ∞ とした場合には以下のようになるのですが，このときの値は元の積分のちょうど 2 倍となっています．

$$\int_0^\infty \frac{1}{1+x^2}dx = \frac{\pi}{2}$$

なお同じ被積分関数で，値が $\frac{\pi}{3}$ となるのは 0 から $\sqrt{3}$ まで積分をした場合となります．

$$\int_0^{\sqrt{3}} \frac{1}{1+x^2}dx = \frac{\pi}{3}$$

一般的には，つぎの式が成立します．

$$\int_0^\infty \frac{1}{a+x^2}dx = \frac{\pi}{2\sqrt{a}}, \quad (a > 0)$$

この式は，$x = \sqrt{a}\tan\theta$ とすれば $dx = \frac{\sqrt{a}}{\cos^2\theta}d\theta$ ですから

$$\int_0^\infty \frac{1}{a+x^2}dx = \int_0^{\pi/2} \frac{1}{a+a\tan^2\theta} \cdot \frac{\sqrt{a}}{\cos^2\theta}d\theta = \int_0^{\pi/2} \frac{1}{\sqrt{a}}d\theta = \frac{\pi}{2\sqrt{a}}$$

となることにより示されます．

そしてつぎの積分が成り立ちます．

$$\int_0^1 \frac{1}{x^{1/2}+x^{3/2}}dx = \frac{\pi}{2}$$

この式は，$x = t^2$ すなわち $x^{1/2} = t$ とおけば $dx = 2tdt$ ですから

$$\int_0^1 \frac{1}{x^{1/2}+x^{3/2}}dx = 2\int_0^1 \frac{1}{1+t^2}dt = 2 \cdot \frac{\pi}{4} = \frac{\pi}{2}$$

より示されます．

　以上の他に，つぎの積分が成り立つことが知られています．

$$\int_0^\infty \frac{\sin x}{x} dx = \frac{\pi}{2}$$
$$\int_0^\infty e^{-x^2} dx = \frac{\sqrt{\pi}}{2}$$

いずれの式についても，積分の値は円周率 π を用いて表されていることがわかります．

第2章
ネイピアの数 e をめぐって

2.1 ネイピアの数 e について

　数学の文献において最も多く用いられる数のなかに，円周率 π とともにネイピアの数（ネイピア数とも言います）e があることは，ご存知のことと思います．

　常用対数は 10 を底とする対数であり，これに対して自然対数は e を底とする対数であることもよく知られているところです．

　この章ではネイピアの数 e についてさまざまな観点から調べ，その魅力について探ってみたいと思います．

　関数 $f(n)$ を

$$f(n) = \left(1 + \frac{1}{n}\right)^n$$

とします．この場合，$n \to \infty$ とすれば $f(n)$ は収束することが知られているのですが，その極限値を，ネイピアの数（Napier's number）と呼んでいるのです．すなわち，ネイピアの数 e は

$$e = \lim_{n \to \infty} \left(1 + \frac{1}{n}\right)^n$$

で定義される数のことです．

　関数 $f(n)$ に対して，もう少し値を計算をしてみましょう．

$$f(10) = 2.593742\cdots$$
$$f(50) = 2.691588\cdots$$
$$f(100) = 2.704813\cdots$$

$$f(1000) = 2.716923\cdots$$
$$f(10000) = 2.718145\cdots$$

上で述べたように $\lim_{n\to\infty} f(n)$ は収束するのですが，このときの極限値であるネイピアの数 e は無理数であり

$$e = 2.7182818284590452353\cdots$$

となることが知られています．

ネイピアの数 e は，定義の式のほかにさまざまな極限によって表されことがあります．少し例を挙げておきましょう．

定義の式において $n = \dfrac{1}{h}$ とおけば

$$\lim_{h\to 0}(1+h)^{1/h} = e$$

と表されます．そしてこの式の対数をとれば

$$\lim_{h\to 0}\frac{\log(1+h)}{h} = 1$$

となります．ここで $\log(1+h) = x$ とすれば $h = e^x - 1$ ですから

$$\lim_{x\to 0}\frac{x}{e^x - 1} = 1$$

したがって

$$\lim_{h\to 0}\frac{e^h - 1}{h} = 1$$

と表されることがわかります．

今のような極限 $\lim_{x\to 0}\dfrac{a^x - 1}{x}$ の場合，そのままでは $\dfrac{0}{0}$ の不定形になります．そこでこのようなときには，ロピタルの定理（L'Hôpital's rule）により

$$\lim_{x\to 0}\frac{a^x - 1}{x} = \lim_{x\to 0}\frac{(a^x - 1)'}{x'} = \lim_{x\to 0}\frac{a^x \log a}{1} = \log a, \quad (a > 0, a \neq 1)$$

となることがわかります．

つぎに極限

$$\lim_{n\to\infty}\left(1+\frac{x}{n}\right)^n = \lim_{n\to\infty}\left\{\left(1+\frac{1}{n/x}\right)^{n/x}\right\}^x = e^x$$

が成り立ちます．さらに n を $\dfrac{1}{h}$ と置き換えることにより，この式は

$$\lim_{h\to 0}(1+hx)^{1/h} = e^x$$

と表されることがわかります．

なお，上で述べたロピタルの定理の内容はつぎのとおりです．

ロピタルの定理　　関数 $f(x)$, $g(x)$ が a を含むある開区間において微分が可能であり，また $g'(x)$ については $g'(x) \neq 0$ であるものとします．このとき $f(a)=0$ および $g(a)=0$ であり，さらに極限 $\lim_{x\to a}\dfrac{f'(x)}{g'(x)}$ が存在するのであれば

$$\lim_{x\to a}\frac{f(x)}{g(x)} = \lim_{x\to a}\frac{f'(x)}{g'(x)}$$

が成り立つ．

この定理は，極限が上で述べたように $\dfrac{0}{0}$ となるときのほか，$\dfrac{\infty}{\infty}$ となる場合にも適用されることがあります．

ネイピアの数を e と表したのは，実はオイラーでした．

測量，天文学の分野では大きな数を扱うことになり，またその計算が必要となるのですが，このときに指数を用い，自然対数を発見したのは，イギリスの天文学者であり数学者であったネイピア（Napier）でした．そして，その後 e についての数値計算をおこなうなどさらに研究を進め，数学的に確立し発展させたのがオイラーであったのです．

ネイピアの数 e について最もよく用いられるひとつの場面が自然対数ですが，この e を底とする自然対数 $\log_e x$ を，通常 $\log x$ と書きます．または $\ln x$ と書くことがあります．これに対して 10 を底とする対数が常用対数ですが，二つの対数である自然対数と常用対数については

$$\log_{10} x = \frac{\log_e x}{\log_e 10} = \frac{\log x}{2.302585\cdots}$$

という関係があります．ただし，本書においては，自然対数をもとにして記述してあります．

つぎに積分

$$\int_1^x \frac{1}{t}dt = \log x$$

が成り立ちます．右辺の対数の底はもちろん e です．また $\log x$ の不定積分は

$$\int \log x\, dx = \int x' \log x\, dx = x\log x - x + C$$

となります．C は言うまでもないのですが積分定数です．

なお指数関数 $f(x) = e^x$ を $f(x) = \exp x$ と書くことがあります．この exp は exponential を略したところからきています．

2.2　数列で現れるネイピアの数 e

ネイピアの数 e は，収束する数列の極限値において見られることがあります．ここでは二つの例を挙げておきましょう．

初めに数列

$$\frac{1}{(1!)^{1/1}},\ \frac{2}{(2!)^{1/2}},\ \frac{3}{(3!)^{1/3}},\ \frac{4}{(4!)^{1/4}},\ \frac{5}{(5!)^{1/5}},\ \frac{6}{(6!)^{1/6}},\ \cdots$$

を考えます．この数列の一般項は $a_n = \dfrac{n}{(n!)^{1/n}}$ です．

実際にそれぞれの値を小数点以下 3 桁まで計算すれば，数列の最初の部分はつぎのようになります．

$$1,\quad 1.414,\quad 1.650,\quad 1.807,\quad 1.919,\quad 2.004,\quad \cdots\cdots$$

この数字だけから予想することは難しいかもしれませんが，実はこの数列はネイピアの数 e に収束するのです．すなわち

$$\lim_{n\to\infty} \frac{n}{(n!)^{1/n}} = e$$

が成り立つのです．ここで記号！について，例えば $4! = 4 \cdot 3 \cdot 2 \cdot 1$ のことです．

これについては，以下の方法により示されます．

まず一般項 a_n を

$$a_n = \frac{n}{(n!)^{1/n}} = \left(\frac{n^n}{n!}\right)^{1/n}$$

と書き換えます．このようにしておいてから，a_n の対数をとれば

$$\log a_n = \log\left(\frac{n^n}{n!}\right)^{1/n} = \frac{1}{n}\log\left(\frac{n^n}{n!}\right) = -\frac{1}{n}\log\left(\frac{n!}{n^n}\right)$$
$$= -\frac{1}{n}\log\left(\frac{n}{n}\cdot\frac{n-1}{n}\cdots\frac{2}{n}\cdot\frac{1}{n}\right) = -\frac{1}{n}\sum_{k=1}^{n}\log\frac{k}{n}$$

となります．よって極限をとれば，区分求積法によって

$$\lim_{n\to\infty}\log a_n = \lim_{n\to\infty}\left(-\frac{1}{n}\sum_{k=1}^{n}\log\frac{k}{n}\right)$$
$$= -\int_0^1 \log x\, dx = -\Big[x\log x - x\Big]_0^1 = 1 = \log e$$

となることがわかります．

これにより，数列 $\{a_n\}$ の極限値は，ネイピアの数 e に等しいことが示されました．

少し脇にそれますが，この結果を用いることにより

$$\lim_{n\to\infty}(n!)^{1/n} = \infty$$

となることが示されます．実際に $b_n = (n!)^{1/n}$ とおいて $b_1, b_2, b_3, \cdots$ を小数点以下 3 桁まで少し計算をしてみると，以下のようになります．この数列 $\{b_n\}$ は，実は発散するということになります．

1,　1.414,　1.817,　2.213,　2.605,　2.993,　3.380,　3.764,　$\cdots$

つぎに，もうひとつの数列

$$\frac{1}{2},\ \frac{2}{(3\cdot 4)^{1/2}},\ \frac{3}{(4\cdot 5\cdot 6)^{1/3}},\ \frac{4}{(5\cdot 6\cdot 7\cdot 8)^{1/4}},\ \frac{5}{(6\cdot 7\cdot 8\cdot 9\cdot 10)^{1/5}},\ \cdots$$

について考えてみることにします．この数列の各項を小数で表したときには，以下のようになります．

$$0.5,\ 0.577\cdots,\ 0.608\cdots,\ 0.624\cdots,\ 0.635\cdots,\ 0.642\cdots,\ \cdots\cdots$$

少しわかりにくいのですが，実際のところ数列は $\dfrac{e}{4} = 0.679570\cdots$ に収束するのです．

これについては，以下のようにして示されます．

まず数列 $\{a_n\}$ の一般項は

$$a_n = \frac{n}{\left((n+1)(n+2)\cdots(n+n)\right)^{1/n}}$$

です．つぎにこの対数をとれば

$$\begin{aligned}
\log a_n &= \log\left(\frac{n^n}{(n+1)(n+2)\cdots(n+n)}\right)^{1/n} \\
&= \frac{1}{n}\log\left(\frac{n}{n+1}\cdot\frac{n}{n+2}\cdots\frac{n}{n+n}\right) = \frac{1}{n}\log\prod_{k=1}^{n}\left(\frac{n}{n+k}\right) \\
&= -\frac{1}{n}\log\prod_{k=1}^{n}\left(1+\frac{k}{n}\right) = -\frac{1}{n}\sum_{k=1}^{n}\log\left(1+\frac{k}{n}\right)
\end{aligned}$$

となります．よって，このときの極限は

$$\begin{aligned}
\lim_{n\to\infty}\log a_n &= -\lim_{n\to\infty}\left\{\frac{1}{n}\sum_{k=1}^{n}\log\left(1+\frac{k}{n}\right)\right\} = -\int_0^1 \log(1+x)dx \\
&= -\Big[(1+x)\log(1+x)\Big]_0^1 + \int_0^1 dx = -2\log 2 + 1 = \log\frac{e}{4}
\end{aligned}$$

となることがわかります．したがって，数列の一般項 a_n について

$$\lim_{n\to\infty} a_n = \frac{e}{4}$$

が示されることになります．

2.3 ネイピアの数 e を表す無限級数の不思議

実数 x に対して，関数 $f(x) = e^x$ の級数展開は

$$e^x = 1 + x + \frac{1}{2!}x^2 + \frac{1}{3!}x^3 + \frac{1}{4!}x^4 + \frac{1}{5!}x^5 + \cdots$$

で表されるのですが，この式は関数 e^x のテイラー展開（Taylor expansion）と呼ばれています．この場合には，すべての実数 x に対して級数は収束し，テイラー展開が成り立つのです．

よく用いられるテイラー展開の例として，三角関数 $\sin x$ と $\cos x$ の級数展開を挙げておきましょう．

$$\sin x = x - \frac{x^3}{3!} + \frac{x^5}{5!} - \frac{x^7}{7!} + \frac{x^9}{9!} - \frac{x^{11}}{11!} + \cdots$$

$$\cos x = 1 - \frac{x^2}{2!} + \frac{x^4}{4!} - \frac{x^6}{6!} + \frac{x^8}{8!} - \frac{x^{10}}{10!} + \cdots$$

上の e^x の展開式は，つぎのような方法により導かれます．

前に述べたように

$$\lim_{n \to \infty} \left(1 + \frac{x}{n}\right)^n = e^x$$

が成り立つのでした．ここで左辺を二項定理による

$$(1+a)^n = \sum_{r=0}^{n} \frac{n!}{r!(n-r)!} a^r$$

を使えば

$$\lim_{n \to \infty} \left(1 + \frac{x}{n}\right)^n = \lim_{n \to \infty} \sum_{r=0}^{n} \frac{n!}{r!(n-r)!} \left(\frac{x}{n}\right)^r$$

$$= \lim_{n \to \infty} \sum_{r=0}^{n} \left(\frac{n}{n} \cdot \frac{n-1}{n} \cdot \frac{n-2}{n} \cdot \frac{n-3}{n} \cdots \frac{n-r+1}{n} \cdot \frac{x^r}{r!}\right)$$

$$= 1 + x + \frac{1}{2!}x^2 + \frac{1}{3!}x^3 + \frac{1}{4!}x^4 + \frac{1}{5!}x^5 + \cdots$$

となり，式の成り立つことが示されます．

ただしテイラー展開は，一般的には導関数を使った式により導かれます．

つぎに，e^x のテイラー展開をもとに，ネイピアの数 e を表す無限級数について考えることにしましょう．実際のところ，e に関してはさまざまな優美な形の級数で書き表されることがあるのです．

e^x のテイラー展開に $x = 1$ を代入すると，以下のような e を表す美しい式

$$e = 1 + \frac{1}{1!} + \frac{1}{2!} + \frac{1}{3!} + \frac{1}{4!} + \frac{1}{5!} + \frac{1}{6!} + \cdots$$

が現れます．e^x をテイラー展開した式において，x に代わり $-x$ とすれば

$$e^{-x} = 1 - x + \frac{1}{2!}x^2 - \frac{1}{3!}x^3 + \frac{1}{4!}x^4 - \frac{1}{5!}x^5 + \cdots$$

となります．さらにこの式に $x = 1$ を代入します．すると，$\dfrac{1}{e}$ を表す以下のような交代級数が現れます．なお $0! = 1$ としています．

$$\frac{1}{0!} - \frac{1}{1!} + \frac{1}{2!} - \frac{1}{3!} + \frac{1}{4!} - \frac{1}{5!} + \frac{1}{6!} - \frac{1}{71} + \cdots = \frac{1}{e}$$

そこで今得られた e の級数展開，および $\dfrac{1}{e}$ の級数展開をもとに，和または差をとることによりつぎの式が導かれます．

$$\frac{1}{0!} + \frac{1}{2!} + \frac{1}{4!} + \frac{1}{6!} + \frac{1}{8!} + \frac{1}{10!} + \cdots = \frac{1}{2}\left(e + \frac{1}{e}\right)$$

$$\frac{1}{1!} + \frac{1}{3!} + \frac{1}{5!} + \frac{1}{7!} + \frac{1}{9!} + \frac{1}{11!} + \cdots = \frac{1}{2}\left(e - \frac{1}{e}\right)$$

別の表現で言い換えます．ネイピアの数 e の級数展開に戻り，分母が偶数の階乗または奇数の階乗の二つの級数に分けたときには，このような二つの美しい姿で書き表されるのです．

ネイピアの数 e を表す無限級数において隣り合う二つの項をカッコでくくりながら，式の形を少し変えてみましょう．すると e は，つぎのような級数によって表されることがわかります．

$$\begin{aligned}e &= \left(\frac{1}{0!} + \frac{1}{1!}\right) + \left(\frac{1}{2!} + \frac{1}{3!}\right) + \left(\frac{1}{4!} + \frac{1}{5!}\right) + \left(\frac{1}{6!} + \frac{1}{7}\right) + \cdots \\ &= \frac{2}{1!} + \frac{4}{3!} + \frac{6}{5!} + \frac{8}{7!} + \frac{10}{9!} + \frac{12}{11!} + \frac{14}{13!} + \frac{16}{15!} + \cdots \end{aligned} \quad (*)$$

この後の式 (∗) について，各項の分母は奇数の階乗で，また分子は偶数で書かれています．こんどは，e を表す級数のカッコのとり方をずらしてみます．するとつぎのようになります．

$$e = \frac{1}{0!} + \left(\frac{1}{1!} + \frac{1}{2!}\right) + \left(\frac{1}{3!} + \frac{1}{4!}\right) + \left(\frac{1}{5!} + \frac{1}{6!}\right) + \left(\frac{1}{7!} + \frac{1}{8!}\right) + \cdots$$

$$= \frac{1}{0!} + \frac{3}{2!} + \frac{5}{4!} + \frac{7}{6!} + \frac{9}{8!} + \frac{11}{10!} + \frac{13}{12!} + \frac{15}{14!} + \cdots \quad (**)$$

この式 (∗∗) においては，各項の分母は偶数の階乗で，また分子は奇数で書かれています．したがって，前の式 (∗) とはまるで対照的になっているのです．ただし今現れた二つの級数の値が，当然ではあるのですが，共に e である点が興味深いところと言えるでしょう．

つぎは，二つの級数 (∗), (∗∗) をもとにしながら少し考えてみましょう．

これらの級数の和をとれば，以下のように再び綺麗な式となって書き表されることがわかります．

$$2e = \frac{1}{0!} + \frac{2}{1!} + \frac{3}{2!} + \frac{4}{3!} + \frac{5}{4!} + \frac{6}{5!} + \frac{7}{6!} + \frac{8}{7!} + \cdots \quad (***)$$

$$= \frac{1^2}{1!} + \frac{2^2}{2!} + \frac{3^2}{3!} + \frac{4^2}{4!} + \frac{5^2}{5!} + \frac{6^2}{6!} + \frac{7^2}{7!} + \frac{8^2}{8!} + \cdots$$

そして級数 (∗∗∗) の交代級数である，以下の式が成り立ちます．

$$\frac{1}{0!} - \frac{2}{1!} + \frac{3}{2!} - \frac{4}{3!} + \frac{5}{4!} - \frac{6}{5!} + \frac{7}{6!} - \frac{8}{7!} + \cdots = 0$$

この式は，上の e を表す二つの級数 (∗) と (∗∗) の差をとることにより導かれます．それにしても，級数の値はぴったり 0 となっているのであり，とても珍しい無限級数のひとつと言えるのです．

ここで少し発想の転換をしましょう．この級数のすべての項の分子を 1 に置き換えてみましょう．分母はそのままです．するとこのときの値は，既に見たように $\frac{1}{e}$ となるのでした．

つぎにネイピアの数の逆数 $\frac{1}{e}$ の級数展開をもとに項をカッコでくくり，式の形を変えていきます．すると，以下の級数が現れます．

$$\frac{1}{e} = \left(1 - \frac{1}{1!}\right) + \left(\frac{1}{2!} - \frac{1}{3!}\right) + \left(\frac{1}{4!} - \frac{1}{5!}\right) + \left(\frac{1}{6!} - \frac{1}{7!}\right) + \cdots$$
$$= \frac{0}{1!} + \frac{2}{3!} + \frac{4}{5!} + \frac{6}{7!} + \frac{8}{9!} + \frac{10}{11!} + \frac{12}{13!} + \frac{14}{15!} + \cdots$$

この式について,各項の分母は奇数の階乗で,また分子は偶数で書かれています.

こんどは,同じ $\frac{1}{e}$ を表す級数のカッコのとり方をずらしながら,少し変えてみます.

$$\frac{1}{e} = \frac{1}{0!} - \left(\frac{1}{1!} - \frac{1}{2!}\right) - \left(\frac{1}{3!} - \frac{1}{4!}\right) - \left(\frac{1}{5!} - \frac{1}{6!}\right) - \cdots$$
$$= \frac{1}{0!} - \frac{1}{2!} - \frac{3}{4!} - \frac{5}{6!} - \frac{7}{8!} - \frac{9}{10!} - \frac{11}{12!} - \frac{13}{14!} - \cdots$$

この式においては,第2項以降の符号は負で,また各項の分母は偶数の階乗で,分子は奇数で書かれています.ですから,前の式とはまるで対照的になっていることがわかります.

$\frac{1}{e}$ についての二つの級数の和をとれば,以下の式となって書き表されることがわかります.

$$\frac{1}{1!} - \frac{1}{2!} + \frac{2}{3!} - \frac{3}{4!} + \frac{4}{5!} - \frac{5}{6!} + \frac{6}{7!} - \frac{7}{8!} + \cdots = \frac{2}{e}$$

そして二つの級数の差をとった場合には $\frac{1}{e}$ が消されて,このときにも綺麗な式が現れます.

$$\frac{0}{1!} + \frac{1}{2!} + \frac{2}{3!} + \frac{3}{4!} + \frac{4}{5!} + \frac{5}{6!} + \frac{6}{7!} + \frac{7}{8!} + \cdots = 1$$

ここではとくに,最初の項となる第0項を追加して書いてあります.このときの級数の値はちょうど1になるのですが,とても不思議な気がします.そこで試しに,最初のいくつかの項までの和を小数点以下5桁まで計算してみます.すると,第0項,第1項まで,第2項まで,第3項まで,…の和は順に

$$0, \quad 0.5, \quad 0.83333, \quad 0.95833, \quad 0.99166,$$
$$0.99861, \quad 0.99980, \quad 0.99997, \quad 0.99999, \quad \cdots$$

となっています．これ見ていると，値が 1 に収束する様子がよく伝わってきます．

続いては，この級数の分子にある整数 0, 1, 2, 3, 4, … をすべて 1 に置き換えてみましょう．ただし分母はそのままです．すると，級数は以下のようになるのですが，このときの値はすぐにわかることでしょう．

$$\frac{1}{1!} + \frac{1}{2!} + \frac{1}{3!} + \frac{1}{4!} + \frac{1}{5!} + \frac{1}{6!} + \frac{1}{7!} + \frac{1}{8!} + \cdots = e - 1$$

なお二つの級数の和に関して，つぎの定理が知られています．

定理（収束する二つの級数） 二つの級数が収束して $\sum_{n=1}^{\infty} a_n = \alpha$, $\sum_{n=1}^{\infty} b_n = \beta$ となるのであれば

$$\sum_{n=1}^{\infty}(a_n + b_n) = \sum_{n=1}^{\infty} a_n + \sum_{n=1}^{\infty} b_n = \alpha + \beta$$

が成り立つ．

これまでの二つの級数の和をとったときの例では，この定理を適用しています．すなわち収束する二つの級数の和は，それぞれの第 n 項ごとの和がなす級数の値に等しいことになります．

$$a_1 + b_1 + a_2 + b_2 + a_3 + b_3 + \cdots = \alpha + \beta$$

2.4 関数 $f(x) = e^x$ のテイラー展開から

テイラー展開は，後においてもよく用いられます．そこでこの節においては，テイラー展開について改めて説明をしておきたいと思います．

$x = 0$ を含むある区間で，関数 $f(x)$ が n 回までの微分が可能であるとします．このとき，その区間内の x に対して $0 < \theta < 1$ を満たす θ がとれて

$$f(x) = f(0) + \frac{f^{(1)}(0)}{1!}x + \frac{f^{(2)}(0)}{2!}x^2 + \cdots + \frac{f^{(n-1)}(0)}{(n-1)!}x^{n-1} + \frac{f^{(n)}(\theta x)}{n!}x^n$$

と書き表されます．右辺における最後の項はラグランジェ（Lagrange）の剰余項 $R_n = \dfrac{f^{(n)}(\theta x)}{n!}x^n$ ですが，この区間の x について無限回微分が可能であり

$$\lim_{n \to \infty} R_n = 0$$

となるのであれば級数は収束して，関数 $f(x)$ は

$$f(x) = f(0) + \frac{f^{(1)}(0)}{1!}x + \frac{f^{(2)}(0)}{2!}x^2 + \frac{f^{(3)}(0)}{3!}x^3 + \cdots + \frac{f^{(n)}(0)}{n!}x^n + \cdots$$

によって書き表されることになります．このときの式を，テイラー展開と呼んでいるのです．なおここで見られる $f^{(n)}(x)$ は，$f(x)$ を n 回連続微分したときの n 階の導関数を表しています．

　上で述べた関数 $f(x) = e^x$ のテイラー展開について，改めて考えてみたいと思います．$f(x) = e^x$ は連続して繰り返し微分しても変わらない，つまりこの関数は

$$f(x) = f'(x) = f''(x) = \cdots = f^{(n)}(x)$$

となるのです．
　一般的に，関数 $f(x)$ の導関数は

$$f'(x) = \lim_{h \to 0} \frac{f(x+h) - f(x)}{h}$$

で定義されるのでした．実際，関数 $f(x) = e^x$ の導関数は上の式をもとに

$$f'(x) = \lim_{h \to 0} \frac{e^{x+h} - e^x}{h} = e^x \lim_{h \to 0} \frac{e^h - 1}{h} = e^x \cdot 1 = e^x$$

となることが確かめられます．
　そして関数 $f(x) = e^x$ の場合には $f^{(n)}(0) = 1$ となりますから，最初に述べたようなテイラー展開が導かれることになります．

　上のテイラー展開の例で見られるような，関数の項からなる

2.4 関数 $f(x) = e^x$ のテイラー展開から

$$a_0 + a_1 x + a_2 x^2 + a_3 x^3 + a_4 x^4 + \cdots$$

をべき級数と呼んでいます．もちろん，今の主なテーマである e^x のテイラー展開はその一例です．このべき級数の収束性については，つぎのようになります．

ある正の数 r があり $|x| < r$ となる x に対して級数は収束し，また $|x| > r$ となる x に対して級数は発散するのであれば，このときの r を級数の収束半径と呼んでいます．つぎにすべての x に対して級数が収束するときには，収束半径は無限大 $(r = \infty)$ であり，また 0 以外の x に対して級数が発散するときには，収束半径は $0, (r = 0)$ となります．

例えば，無限級数

$$\frac{1}{1-x} = 1 + x + x^2 + x^3 + x^4 + x^5 + \cdots$$

の収束半径は $r = 1$ となります．またテイラー展開

$$\log(1+x) = x - \frac{x^2}{2} + \frac{x^3}{3} - \frac{x^4}{4} + \cdots, \quad (-1 < x \leq 1)$$

$$-\log(1-x) = x + \frac{x^2}{2} + \frac{x^3}{3} + \frac{x^4}{4} + \cdots, \quad (-1 \leq x < 1)$$

の収束半径 r についても，いずれも $r = 1$ となります．ただしこの場合 $|x| = 1$ では収束する場合と収束しない場合があり，注意が必要となります．

ところで，ここでの主なテーマである e^x の級数展開 $e^x = \sum_{n=0}^{\infty} \frac{1}{n!} x^n$ の収束半径 r は，前に述べたように無限大となります．これについて，べき級数の収束に関するコーシー・アダマール（Cauchy-Hadamard）による，以下の収束の判定法を用いて確認してみましょう．

定理（コーシー・アダマールによる収束の判定法）　べき級数 $\sum_{n=0}^{\infty} a_n x^n$ において

$$\lim_{n \to \infty} \frac{1}{|a_n|^{1/n}} = r$$

であれば，収束半径は r となる．

このコーシー・アダマールによる判定法によれば,級数 e^r の収束半径 r は前の節で得られている結果を用いて

$$\lim_{n\to\infty} \frac{1}{\left|\frac{1}{n!}\right|^{1/n}} = \lim_{n\to\infty} (n!)^{1/n} = \infty$$

となります.

このように級数 e^x の収束半径は無限大であり,任意の実数 x に対して収束するということがわかります.

私達は,発散する級数についてはあまり興味はありません.級数が収束するときにおいて,それが速いのか遅いのか,また何よりもどんな値になるのか,というところに興味があると言えるのです.

e^x のテイラー展開に $x=1$ を代入すると,e を表す式

$$e = 1 + \frac{1}{1!} + \frac{1}{2!} + \frac{1}{3!} + \frac{1}{4!} + \frac{1}{5!} + \frac{1}{6!} + \cdots$$

が得られるのでした.そこで,この式の最初のいくつかの項の和を計算すると

$$1 + \frac{1}{1!} = 2$$

$$1 + \frac{1}{1!} + \frac{1}{2!} = 2.5$$

$$1 + \frac{1}{1!} + \frac{1}{2!} + \frac{1}{3!} = 2.666666\cdots$$

$$1 + \frac{1}{1!} + \frac{1}{2!} + \frac{1}{3!} + \frac{1}{4!} = 2.708333\cdots$$

$$1 + \frac{1}{1!} + \frac{1}{2!} + \frac{1}{3!} + \frac{1}{4!} + \frac{1}{5!} = 2.716666\cdots$$

などとなります.これらの数値を見ていると,級数の収束は速いように思われます.さらに右辺の第 10 項までをとり,小数点以下 7 桁までを計算した場合には

$$1 + \frac{1}{1!} + \frac{1}{2!} + \frac{1}{3!} + \frac{1}{4!} + \frac{1}{5!} + \cdots + \frac{1}{9!} = 2.7182812\cdots$$

となり,かなり精度の高い近似値が得られます.実際に,$e = 2.7182818\cdots$ となるのですから.

このように見てくると,テイラー展開を利用することにより,円周率 π の場合に比べれば,ネイピアの数 e の値は比較的容易に得ることができた,と言えるかもしれません.

2.5 連分数について

ネイピアの数 e を,連分数によって表してみたいと思います.そのためにはつぎのように分数に書き直し,つぎからつぎへと割算を実行し続けます.

$$e = 2.718281828\cdots$$
$$= 2 + \cfrac{1}{\cfrac{1}{0.718\cdots}} = 2 + \cfrac{1}{1+\cfrac{1}{\cfrac{1}{0.392\cdots}}} = 2 + \cfrac{1}{1+\cfrac{1}{2+\cfrac{1}{\cfrac{1}{0.549\cdots}}}}$$

この計算を続けることにより,ネイピアの数 e は規則性のある美しい連分数で書き表されることがわかります.

$$e = 2 + \cfrac{1}{1+\cfrac{1}{2+\cfrac{1}{1+\cfrac{1}{1+\cfrac{1}{4+\cfrac{1}{1+\cfrac{1}{1+\cfrac{1}{6+\cfrac{1}{1+\cdots}}}}}}}}}$$

この連分数による式は,左端にある数字を順にとることにより,以下のように書かれることがあります.

$$e = [\ \ 2, 1, 2, 1, 1, 4, 1, 1, 6, 1, 1, 8, 1, 1, 10, 1, 1, 12, \cdots\ \ ]$$

これをもとにして,有理数で表示したときのネイピアの数 e の近似値が順

に得られます。
$$2, \quad 3, \quad \frac{8}{3}, \quad \frac{11}{4}, \quad \frac{19}{7}, \quad \frac{87}{32}, \quad \cdots$$

もちろんこの数列においては，後の順位の項ほど精度が高くなります．例えば
$$\frac{19}{7} = 2.71428\cdots, \quad \frac{87}{32} = 2.71875$$

などとなります．そして上の数列は，波を打ちながら次第に $e = 2.71828\cdots$ に収束することになります．なお数列の各項は，e の連分数の途中までを計算することにより，例えば

$$2 + \cfrac{1}{1 + \cfrac{1}{2 + \cfrac{1}{1 + \cfrac{1}{1 + \cfrac{1}{4}}}}} = \frac{87}{32}$$

により求められます．

ここで連分数について復習をしておきます．そのために，一例として $\sqrt{2}$ の連分数表示を求めてみましょう．

$$\sqrt{2} = 1 + \sqrt{2} - 1 = 1 + \frac{(\sqrt{2}-1)(\sqrt{2}+1)}{\sqrt{2}+1} = 1 + \frac{1}{1+\sqrt{2}}$$
$$= 1 + \cfrac{1}{2 + \cfrac{1}{1+\sqrt{2}}} = 1 + \cfrac{1}{2 + \cfrac{1}{2 + \cfrac{1}{1+\sqrt{2}}}} = 1 + \cfrac{1}{2 + \cfrac{1}{2 + \cfrac{1}{2 + \cfrac{1}{2 + \cfrac{1}{2 + \cdots}}}}}$$

また $\sqrt{3}$ はつぎのような連分数によって表示されます．

$$\sqrt{3} = 1 + \cfrac{2}{2 + \cfrac{2}{2 + \cfrac{2}{2 + \cfrac{2}{2 + \cfrac{2}{2 + \cdots}}}}}$$

ところで
$$[\ 1,1,1,1,1,1,1,1,1,1,1,\cdots\ ]$$
と書き表される連分数は，一体どんな数でしょうか．それは実は黄金比と呼ばれる数
$$\frac{1+\sqrt{5}}{2}=1.618033989\cdots$$
のことです．

黄金比は昔からよく知られた数で，例えば横と縦の比が黄金比である長方形は調和と安定感があり，日常生活のなかでもよく見られるのです．パソコン，名刺，テレビなどの形の多くは，これに近い長方形をなしています．

黄金比は二次方程式
$$x^2-x-1=0$$
の正の解として求められます．そして式は
$$x=1+\frac{1}{x}$$
となりますので，これを繰り返し適用することにより x は

$$x=1+\cfrac{1}{x}=1+\cfrac{1}{1+\cfrac{1}{x}}=1+\cfrac{1}{1+\cfrac{1}{1+\cfrac{1}{x}}}$$

$$=1+\cfrac{1}{1+\cfrac{1}{1+\cfrac{1}{1+\cfrac{1}{x}}}}=1+\cfrac{1}{1+\cfrac{1}{1+\cfrac{1}{1+\cfrac{1}{1+\cfrac{1}{1+\cdots}}}}}$$

と表されることがわかります．このように綺麗に書かれた連分数は，上の二次方程式の二つの解 $\dfrac{1\pm\sqrt{5}}{2}$ を表したものです．

第3章
自然対数 log 2 と円周率 π

3.1 自然対数 log 2 をめぐって

これまでに，円周率 π およびネイピアの数 e について，さまざまな観点から見てきました．ところで自然対数 log 2 も，純粋数学においては多くの場面で見られる大切な数と言えるのです．実際のところ，自然対数 log 2 は e を底とする数なので，ネイピアの数とまさに関係があることにもなるのです．そこで本節においては，この対数 log 2 をめぐる問題について暫く考えてみたいと思います．

最初に，メルカトールの級数というものについて説明をしておきましょう．分母に整数が順に現れる交代級数

$$1 - \frac{1}{2} + \frac{1}{3} - \frac{1}{4} + \frac{1}{5} - \frac{1}{6} + \cdots = \log 2$$

はよく知られた美しい級数で，メルカトール（Mercator）の級数と呼ばれています．見てもわかるように，値にはネイピアの数を底とする自然対数 log 2 が突然現れてちょうどこの値になるのであり，神秘的で，不思議な姿をもった式でもあるのです．

そこで以下において，この級数を導いてみましょう．これについては，さまざまな方法が考えられるのですが，ここで紹介するのは文献においても見られる一般的な方法によるものです．

実数 x について

$$\frac{1}{1+x} = 1 - x + x^2 - x^3 + \cdots + (-1)^n x^n + R_n(x)$$

とおきます．ここで $R_n(x)$ は等比数列の和の公式から

3.1 自然対数 log 2 をめぐって

$$R_n(x) = \frac{1}{1+x} - \frac{1-(-x)^{n+1}}{1+x} = \frac{(-x)^{n+1}}{1+x}$$

となります.

つぎに, 式の両辺を 0 から 1 まで積分します. このとき左辺は

$$\int_0^1 \frac{1}{1+x}dx = \Big[\log(1+x)\Big]_0^1 = \log 2$$

となり, また右辺は

$$\int_0^1 \Big(1 - x + x^2 - x^3 + \cdots + (-1)^n x^n + R_n(x)\Big)dx$$
$$= 1 - \frac{1}{2} + \frac{1}{3} - \frac{1}{4} + \cdots + \frac{(-1)^n}{n+1} + \int_0^1 R_n(x)dx$$

となります. この積分項の絶対値について

$$\left|\int_0^1 R_n(x)dx\right| \leq \int_0^1 |R_n(x)|dx = \int_0^1 \frac{x^{n+1}}{1+x}dx \leq \int_0^1 x^{n+1}dx = \frac{1}{n+2}$$

となるのですが, 最後の式について $n \to \infty$ とすれば $\frac{1}{n+2} \to 0$ であり, したがって

$$\lim_{n\to\infty}\left|\int_0^1 R_n(x)dx\right| = 0$$

が言えることになります.

以上によりメルカトールの級数の成り立つことが示されました.

なお log 2 を小数で書けば

$$\log 2 = 0.6931471805599453094\cdots$$

となります.

つぎは, 自然対数 log 2 に収束する数列の, ひとつの例を挙げておきましょう.

数列

$$\frac{1}{2}, \ \frac{1}{3}+\frac{1}{4}, \ \frac{1}{4}+\frac{1}{5}+\frac{1}{6}, \ \frac{1}{5}+\frac{1}{6}+\frac{1}{7}+\frac{1}{8}, \ \cdots\cdots$$

について考えます．この場合の一般項 a_n は

$$a_n = \frac{1}{n+1} + \frac{1}{n+2} + \frac{1}{n+3} + \cdots + \frac{1}{n+n} = \sum_{k=1}^{n} \frac{1}{n+k}$$

です．

そこで，数列 $\{a_n\}$ の極限値 $\lim_{n \to \infty} a_n$ を求めることにします．そのためには，区分求積法と呼ばれる方法を用いることになります．

$$\lim_{n \to \infty} a_n = \lim_{n \to \infty} \sum_{k=1}^{n} \frac{1}{n+k} = \lim_{n \to \infty} \sum_{k=1}^{n} \frac{1}{n} \cdot \frac{1}{1+\frac{k}{n}}$$

$$= \int_0^1 \frac{1}{1+x} dx = \left[\log(1+x) \right]_0^1 = \log 2$$

このようにして，数列は自然対数 $\log 2$ に収束することがわかります．

続いては $\log 2$ を，連分数によって表してみたいと思います．そこで前にも述べたのですが，以下のように次々と逆数をとり，割り算を実行していく方法を考えます．

$\log 2 = 0.693147180\cdots$

$$= \cfrac{1}{\cfrac{1}{0.693\cdots}} = \cfrac{1}{1 + \cfrac{1}{\cfrac{1}{0.442\cdots}}} = \cfrac{1}{1 + \cfrac{1}{2 + \cfrac{1}{\cfrac{1}{0.258\cdots}}}} = \cfrac{1}{1 + \cfrac{1}{2 + \cfrac{1}{3 + \cfrac{1}{\cfrac{1}{0.862\cdots}}}}}$$

$$= \cfrac{1}{1 + \cfrac{1}{2 + \cfrac{1}{3 + \cfrac{1}{1 + \cfrac{1}{\cfrac{1}{0.159\cdots}}}}}} = \cfrac{1}{1 + \cfrac{1}{2 + \cfrac{1}{3 + \cfrac{1}{1 + \cfrac{1}{6 + \cfrac{1}{\cfrac{1}{0.279\cdots}}}}}}}$$

この $\log 2$ の連分数は，左端の数字を順に並べた以下の式で書かれることが

あります．
$$\log 2 = [\ \ 0, 1, 2, 3, 1, 6, 3, 1, 1, 2, \cdots\ \ ]$$

3.2 自然対数 $\log 2$ を級数展開すれば

メルカトールの級数とは別に，自然対数 $\log 2$ を級数で表すときの，さまざまな方法が考えられます．例えば，一風変わったところでは，つぎの級数が成り立ちます．

$$\frac{1}{1\cdot 8}\left(\frac{3}{1}+\frac{2}{2}+\frac{1}{3}\right) + \frac{1}{2\cdot 8}\left(\frac{3}{5}+\frac{2}{6}+\frac{1}{7}\right) + \frac{1}{3\cdot 8}\left(\frac{3}{9}+\frac{2}{10}+\frac{1}{11}\right) + \cdots = \log 2$$

ここでは，$\log 2$ を級数で表す二つの方法について見ておきたいと思います．

最初に，以下の級数が成り立ちます．

$$\log 2 = \frac{1}{2} + \frac{1}{2\cdot 2^2} + \frac{1}{3\cdot 2^3} + \frac{1}{4\cdot 2^4} + \frac{1}{5\cdot 2^5} + \cdots$$

メルカトールの級数は交代級数の代表格とも言えるものでしたが，この級数は正項級数になっています．そしてメルカトールの級数に比べたとき，この級数の収束は速いということが言えるのです．例えば第 1 項から第 5 項まで足したときの和は

$$\frac{1}{2} + \frac{1}{2\cdot 2^2} + \frac{1}{3\cdot 2^3} + \frac{1}{4\cdot 2^4} + \frac{1}{5\cdot 2^5} = 0.688541\cdots$$

となりますが，さらに第 10 項までとったときには

$$\frac{1}{2} + \frac{1}{2\cdot 2^2} + \frac{1}{3\cdot 2^3} + \frac{1}{4\cdot 2^4} + \cdots + \frac{1}{10\cdot 2^{10}} = 0.693064\cdots$$

となるのです．実際この値は，小数点以下 3 桁までが正しい数になっています．

すでに述べたようにテイラー展開

$$-\log(1-x) = x + \frac{x^2}{2} + \frac{x^3}{3} + \frac{x^4}{4} + \cdots, \quad (-1 \leq x < 1)$$

が成り立つのでした．そこでこの式で $x = \dfrac{1}{2}$ とおけば，上の級数が得られることになります．

ところで，級数

$$\frac{1}{1-x} = 1 + x + x^2 + x^3 + x^4 + \cdots, \quad (|x| < 1)$$

について，両辺を 0 から X まで積分すれば

$$\int_0^X \frac{1}{1-x} dx = \int_0^X (1 + x + x^2 + x^3 + \cdots) dx$$

より

$$-\Big[\log(1-x)\Big]_0^X = \Big[x + \frac{1}{2}x^2 + \frac{1}{3}x^3 + \frac{1}{4}x^4 + \cdots\Big]_0^X$$

となり，これをもとにして $-\log(1-x)$ のテイラー展開が導かれるのです．なお，この展開式は $x = -1$ でも成り立つのであり，このときメルカトールの級数になるのでした．

一般的に $\log m, (m > 1)$ の級数展開のひとつに，つぎの式があります．

$$\log m = \frac{m-1}{m} + \frac{1}{2}\left(\frac{m-1}{m}\right)^2 + \frac{1}{3}\left(\frac{m-1}{m}\right)^3 + \frac{1}{4}\left(\frac{m-1}{m}\right)^4 + \cdots$$

この式は前述の $-\log(1-x)$ の級数展開において $x = \dfrac{m-1}{m}$ とおくことによって得られます．

なお初めに挙げた $\log 2$ を表す級数は，もちろんこの式で $m = 2$ とおいた場合であったわけです．そして，例えば $m = 3$ とおいた場合の $\log 3$ は

$$\log 3 = \frac{2}{3} + \frac{2^2}{2 \cdot 3^2} + \frac{2^3}{3 \cdot 3^3} + \frac{2^4}{4 \cdot 3^4} + \frac{2^5}{5 \cdot 3^5} + \cdots$$

と表されます．

さらに値が $\log 2$ となるときの，もうひとつの級数を挙げておきましょう．

$$\log 2 = 2\left(\frac{1}{3} + \frac{1}{3 \cdot 3^3} + \frac{1}{5 \cdot 3^5} + \frac{1}{7 \cdot 3^7} + \frac{1}{9 \cdot 3^9} + \cdots\right)$$

この級数の収束は速く,例えばカッコ内の第 5 項である $2 \cdot \dfrac{1}{9 \cdot 3^9}$ までの和をとった場合の値は $0.693146\cdots$ となるのですが,このとき小数点以下 5 桁まで正しく反映されていることがわかります.

この $\log 2$ についての式は,$\log m$ を表す級数

$$\log m = 2\left(\frac{m-1}{m+1} + \frac{(m-1)^3}{3(m+1)^3} + \frac{(m-1)^5}{5(m+1)^5} + \frac{(m-1)^7}{7(m+1)^7} + \cdots\right)$$

において $m=2$ とおくことによって得られます.

今の $\log m$ を表す式は,つぎのようにして導かれます.

テイラー展開による二つの式

$$\log(1+x) = x - \frac{x^2}{2} + \frac{x^3}{3} - \frac{x^4}{4} + \frac{x^5}{5} - \cdots, \quad (|x|<1)$$

$$-\log(1-x) = x + \frac{x^2}{2} + \frac{x^3}{3} + \frac{x^4}{4} + \frac{x^5}{5} + \cdots, \quad (|x|<1)$$

の差をとると

$$\log \frac{1+x}{1-x} = 2\left(x + \frac{x^3}{3} + \frac{x^5}{5} + \frac{x^7}{7} + \cdots\right), \quad (|x|<1)$$

となります.ここで $\dfrac{1+x}{1-x} = m$ とおけば $x = \dfrac{m-1}{m+1}, (m>0)$ ですから,これらを上の式に代入することにより,$\log m$ を表す級数が導かれるのです.

上の $\log m$ を級数で表す式で例えば $m=3$ とおいた場合には,つぎのようになります.

$$\log 3 = 2\left(\frac{2}{4} + \frac{2}{3\cdot 4^3} + \frac{2}{5\cdot 4^5} + \frac{2}{7\cdot 4^7} + \frac{2}{9\cdot 4^9} + \cdots\right)$$

3.3 $\log 2$ を表す級数と π を表す級数

既に見てきたように,分母に整数が順に現れる交代級数

$$1 - \frac{1}{2} + \frac{1}{3} - \frac{1}{4} + \frac{1}{5} - \frac{1}{6} + \cdots = \log 2$$

は,メルカトールの級数と呼ばれ,値が自然対数 $\log 2$ で表示される式でし

た．これに対して分母に奇数が順に現れる交代級数

$$1 - \frac{1}{3} + \frac{1}{5} - \frac{1}{7} + \frac{1}{9} - \frac{1}{11} + \cdots = \frac{\pi}{4}$$

はライプニッツの級数とよばれ，その値は円周率 π で表されるのでした．もちろん，級数によっては値が二つの数，π と $\log 2$ を用いて表されることがあります．例えば

$$1 - \frac{1}{4} + \frac{1}{5} - \frac{1}{8} + \frac{1}{9} - \frac{1}{12} + \frac{1}{13} - \frac{1}{16} + \cdots = \frac{3}{4}\log 2 + \frac{\pi}{8}$$

がその一例です．この交代級数の分母には，整数がある規則に従って順に現れます．すなわち分母が 4 で割った余りが 1（1 mod 4）の項の符号はプラスであり，また分母が 4 で割り切れる（0 mod 4）項の符号は，マイナスとなっていることが式から読み取れます．さらに言えば分母が $2, 3, 6, 7, 10, 11, \cdots$，つまり 4 で割ったときの余りが 2 または 3 となる整数（2 mod 4 または 3 mod 4）に対しては，そのような項は現れないことがわかります．

いずれにしても，値が円周率 π と自然対数 $\log 2$ の二つの数を用いて表されるところが，この交代級数に見られる面白いところと言えるのです．なおこのように π と $\log 2$ で表される級数については，第 11 章も参照願います．

以降においては，分子が 1 で分母が二つの自然数の積からなり，値が自然対数 $\log 2$ または円周率 π で表される無限級数について見ていくことにしたいと思います．

つぎの級数においては分母に自然数が順に現れ，値は自然対数 $\log 2$ となっています．

$$\frac{1}{1 \cdot 2} + \frac{1}{3 \cdot 4} + \frac{1}{5 \cdot 6} + \frac{1}{7 \cdot 8} + \frac{1}{9 \cdot 10} + \cdots = \log 2$$

この式はメルカトールの級数をもとにして導かれるのですが，左辺のすべての項が正である正項級数となっています．ところが同じように分母に自然数が順に現れる級数であっても，交代級数の場合には値の姿は変わってきます．すなわち，値は $\log 2$ に加え π を用いて書かれるのです．

$$\frac{1}{1\cdot 2} - \frac{1}{3\cdot 4} + \frac{1}{5\cdot 6} - \frac{1}{7\cdot 8} + \frac{1}{9\cdot 10} - \cdots = -\frac{1}{2}\log 2 + \frac{\pi}{4}$$

以下の級数では分母には奇数が順に現れるのですが，このときの値は円周率 π で書かれることになるのです．

$$\frac{1}{1\cdot 3} + \frac{1}{5\cdot 7} + \frac{1}{9\cdot 11} + \frac{1}{13\cdot 15} + \frac{1}{17\cdot 19} + \cdots = \frac{\pi}{8}$$

この式は，左辺が部分分数に分割され

$$= \frac{1}{2}\left\{\left(1-\frac{1}{3}\right) + \left(\frac{1}{5}-\frac{1}{7}\right) + \left(\frac{1}{9}-\frac{1}{11}\right) + \cdots\right\} = \frac{\pi}{8}$$

となることからわかるように，ライプニッツの級数をもとにして導かれます．

これに対して，分母に偶数が順に現れる級数の場合では，以下のように値は $\log 2$ で表されます．

$$\frac{1}{2\cdot 4} + \frac{1}{6\cdot 8} + \frac{1}{10\cdot 12} + \frac{1}{14\cdot 16} + \frac{1}{18\cdot 20} + \cdots = \frac{1}{4}\log 2$$

もちろん，値が $\log 2$ と π の二つの数を使って表される級数があります．例えば

$$\frac{1}{1\cdot 2} + \frac{1}{5\cdot 6} + \frac{1}{9\cdot 10} + \frac{1}{13\cdot 14} + \frac{1}{17\cdot 18} + \cdots = \frac{1}{4}\log 2 + \frac{\pi}{8}$$

ですが，この級数の分母は，4 で割ったとき余りが 1 となる整数と余りが 2 となる整数の積によりなっています．続いて級数

$$\frac{1}{3\cdot 4} + \frac{1}{7\cdot 8} + \frac{1}{11\cdot 12} + \frac{1}{15\cdot 16} + \frac{1}{19\cdot 20} + \cdots = \frac{3}{4}\log 2 - \frac{\pi}{8}$$

についてですが，各項の分母は 4 で割ったとき余りが 3 となる整数と，4 で割り切れる整数の積によりなっています．

今の二つの式を足したときには値がちょうど $\log 2$ になり，また差をとったときの値は $-\frac{1}{2}\log 2 + \frac{\pi}{4}$ になるのですが，これらの級数については先程述べたところです．

これまでに挙げた級数はいずれも各項の分子は 1 で，分母が二つの自然数の積からなる無限級数です．そしてそれらの値は，円周率 π や自然対数

$\log 2$ により表されるのでした．もちろん級数によっては例えばつぎのように，簡単な有理数で表されることがあります．

$$\frac{1}{1\cdot 3}+\frac{1}{3\cdot 5}+\frac{1}{5\cdot 7}+\frac{1}{7\cdot 9}+\frac{1}{9\cdot 11}+\cdots =\frac{1}{2}$$

このように形の似た無限級数であっても，式によって値の現れる様子が異なってくるのです．

つぎに各項の分子が 1 で，分母が三つの自然数の積からなる級数の例を挙げておきましょう．

まず初めに，分母に自然数が順に並んだときの以下の級数があります．

$$\frac{1}{1\cdot 2\cdot 3}+\frac{1}{2\cdot 3\cdot 4}+\frac{1}{3\cdot 4\cdot 5}+\frac{1}{4\cdot 5\cdot 6}+\cdots =\frac{1}{4}$$

級数の値はちょうど $\frac{1}{4}$ になるのですが，それぞれの項は，分母が二つの自然数の積からなる部分分数に分割されるので，これにより式の成り立つことが示されるのです．

ところでこの級数の第 1 項，第 3 項，第 5 項，… といった奇数番目の項だけを取り出して，それらを足していった場合には，つぎのような級数になります．

$$\frac{1}{1\cdot 2\cdot 3}+\frac{1}{3\cdot 4\cdot 5}+\frac{1}{5\cdot 6\cdot 7}+\frac{1}{7\cdot 8\cdot 9}+\cdots =\log 2-\frac{1}{2}$$

この式の値には，突然，自然対数 $\log 2$ が現れてくるのです．とても不思議なこのような現象は，まるで手品でも見ているかのように思われます．同じように，こんどは第 2 項，第 4 項，第 6 項などの偶数番目の項を取り出して足していった場合には

$$\frac{1}{2\cdot 3\cdot 4}+\frac{1}{4\cdot 5\cdot 6}+\frac{1}{6\cdot 7\cdot 8}+\frac{1}{8\cdot 9\cdot 10}+\cdots =\frac{3}{4}-\log 2$$

となることがわかります．

この値 $\frac{3}{4}-\log 2$ は式変形の途中でメルカトールの級数を使い，つぎのようにして求められます．すなわち左辺は部分分数に分割されることにより

$$= \frac{1}{2}\left\{\left(\frac{1}{2\cdot 3}-\frac{1}{3\cdot 4}\right)+\left(\frac{1}{4\cdot 5}-\frac{1}{5\cdot 6}\right)+\left(\frac{1}{6\cdot 7}-\frac{1}{7\cdot 8}\right)+\cdots\right\}$$
$$= \frac{1}{2}\left\{\left(\frac{1}{2}-\frac{1}{3}\right)-\left(\frac{1}{3}-\frac{1}{4}\right)+\left(\frac{1}{4}-\frac{1}{5}\right)-\left(\frac{1}{5}-\frac{1}{6}\right)+\cdots\right\}$$
$$= \frac{1}{2}\left\{-\frac{1}{2}+2\left(\frac{1}{2}-\frac{1}{3}+\frac{1}{4}-\frac{1}{5}+\frac{1}{6}-\frac{1}{7}+\frac{1}{8}-\cdots\right)\right\}$$
$$= -\frac{1}{4}+(1-\log 2)=\frac{3}{4}-\log 2$$

となることからわかります．

つぎに同じように各項の分子は1ですが，分母が三つの奇数の積からなる級数の例を挙げておきましょう．そのなかには，分母に自然数が順に並んだ以下の級数があります．

$$\frac{1}{1\cdot 3\cdot 5}+\frac{1}{3\cdot 5\cdot 7}+\frac{1}{5\cdot 7\cdot 9}+\frac{1}{7\cdot 9\cdot 11}+\cdots=\frac{1}{12}$$

この場合，値は簡単な有理数で書かれています．そして前と同じように，この級数の奇数番目の項だけを取り出して足していった場合には，つぎのような級数になります．

$$\frac{1}{1\cdot 3\cdot 5}+\frac{1}{5\cdot 7\cdot 9}+\frac{1}{9\cdot 11\cdot 13}+\frac{1}{13\cdot 15\cdot 17}+\cdots=\frac{\pi}{16}-\frac{1}{8}$$

この級数の値には，こんどは円周率 π が突然現れることになるのです．このときも，やはり左辺が部分分数に分割されることにより，式の成り立つことが示されます．続いて，偶数番目の項だけを順に足していった場合には

$$\frac{1}{3\cdot 5\cdot 7}+\frac{1}{7\cdot 9\cdot 11}+\frac{1}{11\cdot 13\cdot 15}+\frac{1}{15\cdot 17\cdot 19}+\cdots=\frac{5}{24}-\frac{\pi}{16}$$

となることがわかります．

元の級数から奇数番目の項または偶数番目の項をとりだせば新たな級数が得られるのですが，このとき上で見られるように，元の級数の分母が自然数の積の場合には $\log 2$ が現れ，また奇数の積の場合には π が現れるのです．とても不思議な現象とも思われるのですが，これについては，その背景においてメルカトールの級数またはライプニッツの級数が関係しているため，ということになるのです．

第4章

円周率 π, ネイピアの数 e, そして虚数単位 i

4.1 美しきオイラーの等式：$e^{i\pi} = -1$

　この節においては，円周率 π，ネイピアの数 e，および虚数単位である i の，三つの数の間に成り立つ関係について考えてみたいと思います．

　これらの数を結ぶ式としては，有名なオイラーの公式があります．そこで初めにこの公式について説明をしたうえで，関連するいくつかの話題についてもふれることにします．

　　x を実数とし，また i を虚数単位（$i = \sqrt{-1}$）とするとき

$$e^{ix} = \cos x + i \sin x$$

が成り立ちます．この式は e^{ix} を実部と虚部に分け三角関数で表したもので，オイラーの公式（Euler's formula）と呼ばれています．

　e^x のテイラー展開において，形式的に x に ix を代入すると

$$\begin{aligned}
e^{ix} &= 1 + \frac{ix}{1!} + \frac{(ix)^2}{2!} + \frac{(ix)^3}{3!} + \frac{(ix)^4}{4!} + \frac{(ix)^5}{5!} + \frac{(ix)^6}{6!} + \cdots \\
&= \left(1 - \frac{x^2}{2!} + \frac{x^4}{4!} - \frac{x^6}{6!} + \cdots\right) + i\left(\frac{x}{1!} - \frac{x^3}{3!} + \frac{x^5}{5!} - \frac{x^7}{7!} + \cdots\right) \\
&= \cos x + i \sin x
\end{aligned}$$

となることがわかります．最後の式においては，$\cos x$ と $\sin x$ のテイラー展開を用いています．これにより，オイラーの公式が導かれるのです．

　こんどは逆に，三角関数 $\cos x$ と $\sin x$ を指数関数 e^{ix} を使って表してみましょう．オイラーの公式，およびこの公式において x を $-x$ とおいた式

$$e^{-ix} = \cos x - i \sin x$$

の二つの式の和および差をとれば，それぞれ

$$\cos x = \frac{e^{ix} + e^{-ix}}{2}, \quad \sin x = \frac{e^{ix} - e^{-ix}}{2i}$$

が得られます．このように表された $\cos x$ および $\sin x$ は，さまざまな場面で適用されることになります．

オイラーの公式において $x = \pi$ とおけば

$$e^{i\pi} = -1$$

が成り立つことになります．これによりネイピアの数 e，円周率 π，虚数単位 i および実数 1 の四つの数の間にある関係が，一つの簡単な式で表されることになります．実に綺麗な姿で書かれており，数学におけるもっとも美しい式のひとつとして知られているものです．この公式からはその他にも

$$e^{i\pi/2} = i, \quad e^{-i\pi/2} = -i, \quad e^{2i\pi} = 1$$

などの式が得られます．

オイラーの公式を用いたときの，いくつかの例を挙げておきましょう．
最初に e^{ix} に関しては指数法則

$$e^{ix_1} e^{ix_2} = e^{i(x_1+x_2)}$$

が成立します．この式は，つぎのとおり示されます．

$$\begin{aligned} e^{ix_1} e^{ix_2} &= (\cos x_1 + i \sin x_1)(\cos x_2 + i \sin x_2) \\ &= \cos x_1 \cos x_2 - \sin x_1 \sin x_2 + i(\sin x_1 \cos x_2 + \cos x_1 \sin x_2) \\ &= \cos(x_1 + x_2) + i \sin(x_1 + x_2) = e^{i(x_1+x_2)} \end{aligned}$$

つぎに

$$(e^{ix})^n = e^{inx}$$

が成り立ちます．これについては

$$(e^{ix})^n = (\cos x + i\sin x)^n = \cos nx + i\sin nx = e^{inx}$$

となることにより示されます．なお，ここではド・モアブルの公式（de Moivre's formula）

$$(\cos x + i\sin x)^k = \cos kx + i\sin kx$$

を用いています．ここでの k は整数です．

そして e^{ix} の絶対値は

$$|e^{ix}| = |\cos x + i\sin x| = (\cos^2 x + \sin^2 x)^{1/2} = 1$$

すなわち値は 1 となります．

ここで前掲のド・モアブルの公式を応用したときの，もうひとつの例を挙げておきましょう．

この公式から

$$(\cos x + i\sin x)^2 = \cos 2x + i\sin 2x$$

となるので

$$(\cos^2 x - \sin^2 x) + 2i\sin x \cos x = \cos 2x + i\sin 2x$$

が成り立つことになります．このとき式の実部は等しいので

$$\cos 2x = \cos^2 x - \sin^2 x$$

となり，また虚部については

$$\sin 2x = 2\sin x \cos x$$

となります．これにより，$\cos 2x$，$\sin 2x$ についての三角関数の 2 倍角の公式が得られます．

そして $\cos 2x$ についての式を微分すれば $\sin 2x$ の式となり，また $\sin 2x$

についての式を微分すれば $\cos 2x$ の式となることが確かめられます．

同じようにしてド・モアブルの公式から

$$(\cos x + i\sin x)^3 = \cos 3x + i\sin 3x$$

であり，よって

$$\cos^3 x - i\sin^3 x + 3i\cos^2 x \sin x - 3\cos x \sin^2 x = \cos 3x + i\sin 3x$$

となります．この式の実部を比較すれば

$$\cos 3x = 4\cos^3 x - 3\cos x$$

が得られ，虚部を比較すれば

$$\sin 3x = 3\sin x - 4\sin^3 x$$

が得られます．こうして，三角関数の3倍角の公式が導かれることがわかります．

また上と同じように，$\cos 3x$ についての式を微分すれば $\sin 3x$ の式となり，$\sin 3x$ についての式を微分すれば $\cos 3x$ の式となることが確かめられます．

4.2　有名な二つの無限級数の場合

オイラーの公式を用いた例について，もう少し話を続けます．
この公式において $x = \dfrac{\pi}{4}$ とおけば

$$\sqrt{2}e^{i\pi/4} = 1+i$$

となります．また $x = -\dfrac{\pi}{4}$ とおけば

$$\sqrt{2}e^{-i\pi/4} = 1-i$$

となります．この二つの式の和は

$$e^{i\pi/4} + e^{-i\pi/4} = \sqrt{2}$$

となり，また差は

$$e^{i\pi/4} - e^{-i\pi/4} = \sqrt{2}i$$

となります．こうして $e, \pi, i, \sqrt{2}$ などで書かれた，これもまた美しい式が得られることになります．

上の $1-i$ を表す式について両辺の対数をとり，-1 を乗じれば

$$-\log(1-i) = -\frac{1}{2}\log 2 + \frac{\pi}{4}i$$

となります．
 ところでテイラー展開

$$-\log(1-z) = z + \frac{z^2}{2} + \frac{z^3}{3} + \frac{z^4}{4} + \frac{z^5}{5} + \cdots$$

は z が実数 x（$-1 \leq x < 1$）のときに成り立つことは既に見たところです．そこで複素数 z（ただし $|z| < 1$）に対する $\log(1-z)$ の展開式を上の式のように定義します．
 $e^{2\pi i} = 1$ なので，1 の N 乗根を ζ_N とすれば $\zeta_N = e^{2\pi i/N}$ ですが，このとき ζ_N を a 乗した $z = \zeta_N^a, (a = 1, 2, \cdots N-1)$ は，上の式を満たすことが知られています（ただし $z \neq 1$）．これによれば，例えば $z = -1, i, -i$ は 1 の 4 乗根であり，いずれも上の式を満たすことになります．
 そこで上の式において $z = i$ とすれば

$$\begin{aligned}-\log(1-i) &= i + \frac{i^2}{2} + \frac{i^3}{3} + \frac{i^4}{4} + \frac{i^5}{5} + \frac{i^6}{6} + \frac{i^7}{7} + \cdots \\ &= -\frac{1}{2}\left(1 - \frac{1}{2} + \frac{1}{3} - \frac{1}{4} + \cdots\right) + i\left(1 - \frac{1}{3} + \frac{1}{5} - \frac{1}{7} + \cdots\right)\end{aligned}$$

となります．
 これまでに得られた二つの $-\log(1-i)$ についての式について，両辺の実部は等しいので

$$1 - \frac{1}{2} + \frac{1}{3} - \frac{1}{4} + \frac{1}{5} - \frac{1}{6} + \cdots = \log 2$$

となってメルカトールの級数が得られます．また両辺の虚部が等しいので

$$1 - \frac{1}{3} + \frac{1}{5} - \frac{1}{7} + \frac{1}{9} - \frac{1}{11} + \cdots = \frac{\pi}{4}$$

となって，ライプニッツの級数が得られることになります．

　以上のような方法によっても，メルカトールの級数とライプニッツの級数の成り立つことが示されるのです．

　つぎに極形式というものについて説明しておきます．これを用いることによっても，上で挙げた二つの級数が示されるのです．

　ご存知のとおりですが，実数の場合には，横軸を x 軸，縦軸を y 軸とした $x-y$ 平面で 2 次元の座標が表されるのでした．複素平面ではこの x 軸に実数をとり，また y 軸に虚数をとります．これらを，それぞれ実軸，虚軸といいます．このとき $x-y$ 平面上の点 (a,b) は複素平面上では複素数 $z = a + bi$ に対応することになります．この z の実部 a を $\Re z$ で，また虚部 b を $\Im z$ で表すことがあります．そして複素平面上の点 $z = a + bi$ と点 0（原点）とを結んだときの距離 $r = \sqrt{a^2 + b^2}$ を複素数 z の絶対値と言い，$|z|$ で表します．また実軸に対し，原点と点 z を結ぶ線分（動径）が正の向き（反時計周り）になす角度 θ を偏角と呼び，$\theta = \arg z$ で表します．

　$a = r\cos\theta$，$b = r\sin\theta$ なので，z はオイラーの公式を用いて

$$z = a + bi = r(\cos\theta + i\sin\theta) = re^{i\theta}$$

となりますが，これを z の極形式（polar form）といいます．

　さらに，上の式の対数をとると

$$\log z = \log r + i\theta$$

と表されます．この式のポイントは，右辺が実部と虚部に分けて書き表されているということです．

　なお偏角としての $\theta + 2n\pi$（n は整数）は無数にあるのですが，とくに $-\pi < \theta \leq \pi$ のときの $\arg z$ を $\mathrm{Arg}\, z$ と書き，これを z の偏角の主値と呼びます．

テイラー展開

$$\log(1+z) = z - \frac{z^2}{2} + \frac{z^3}{3} - \frac{z^4}{4} + \cdots + (-1)^{n-1}\frac{z^n}{n} + \cdots$$

において $z = xi, (|x| < 1)$ とおくと

$$\log(1+xi) = xi - \frac{(xi)^2}{2} + \frac{(xi)^3}{3} - \frac{(xi)^4}{4} + \cdots + (-1)^{n-1}\frac{(xi)^n}{n} + \cdots$$

が成り立ちます．この左辺を極形式で表せば

$$\log(1+xi) = \frac{1}{2}\log(1+x^2) + i\tan^{-1} x$$

となります．また右辺を整理して実部と虚部に分ければ

$$\frac{1}{2}\left(x^2 - \frac{x^4}{2} + \frac{x^6}{3} - \frac{x^8}{4} + \cdots\right) + i\left(x - \frac{x^3}{3} + \frac{x^5}{5} - \frac{x^7}{7} + \cdots\right)$$

と表されます．このとき両辺の実部は等しいので

$$\log(1+x^2) = x^2 - \frac{x^4}{2} + \frac{x^6}{3} - \frac{x^8}{4} + \frac{x^{10}}{5} - \cdots$$

となります．この式は $x = 1$ または $x = -1$ とした場合においても成り立つのであり，このとき

$$1 - \frac{1}{2} + \frac{1}{3} - \frac{1}{4} + \frac{1}{5} - \frac{1}{6} + \cdots = \log 2$$

となってメルカトールの級数が示されます．

また両辺の虚部が等しいので

$$\tan^{-1} x = x - \frac{x^3}{3} + \frac{x^5}{5} - \frac{x^7}{7} + \frac{x^9}{9} - \frac{x^{11}}{11} + \cdots$$

となって，グレゴリーの級数が示されるのです．

この式も $x = 1$ または $x = -1$ とおいた場合において成り立ち，$\tan^{-1} 1 = \frac{\pi}{4}$ ですから

$$1 - \frac{1}{3} + \frac{1}{5} - \frac{1}{7} + \frac{1}{9} - \frac{1}{11} + \cdots = \frac{\pi}{4}$$

となって，ライプニッツの級数が得られるのです．これについては，第1章でも述べたところです．

4.3　1の N 乗根を求める

一般的に 1 の N 乗根，すなわち方程式

$$z^N - 1 = 0$$

の解は，オイラーの公式における x に $\dfrac{2n\pi}{N}$ を代入したときの式

$$e^{2n\pi i/N} = \cos\frac{2n\pi}{N} + i\sin\frac{2n\pi}{N}, \quad (n = 0, 1, 2, \cdots, N-1)$$

で表される N 個が存在します．

もしくは，つぎのように表すこともできます．
1 の N 乗根は N 個あるのですが

$$\zeta_N = \cos\frac{2\pi}{N} + i\sin\frac{2\pi}{N}$$

とすれば，それらは

$$1, \quad \zeta_N, \quad \zeta_N^2, \quad \cdots, \quad \zeta_N^{N-1}$$

となります．ここではド・モアブルの公式を用いています．

N 個ある解のうち，n と N とが互いに素であるとき $\dfrac{2n\pi}{N}$ は N 倍して初めて 2π の整数倍となるのですが，これを 1 の原始 N 乗根と呼んでいます．その個数は，$\varphi(m)$ をオイラー関数とすれば $\varphi(N)$ 個あることになります．

ここでオイラー関数について説明をしておきましょう．

自然数 $1, 2, \cdots, m$ のうち m と互いに素となる自然数の個数をオイラー関数（Euler's totient function）といい，$\varphi(m)$ で表します．例えば $\varphi(3) = 2, (x = 1, 2)$ であり，また $\varphi(10) = 4, (x = 1, 3, 7, 9)$ となります．$(x, (1 \leq x < m)$ は m と素となる自然数です．）とくに素数 p に対しては，$\varphi(p) = p - 1$ となります．

ここで，1 の N 乗根に関する簡単な例を挙げておきます．

これまでの議論により，1 の 5 乗根は

$$e^{2n\pi i/5} = \cos\frac{2n\pi}{5} + i\sin\frac{2n\pi}{5}, \quad (n = 0, 1, 2, 3, 4)$$

で表される五個があります．それらを $n = 0, n = 1, \cdots, n = 4$ の順に z_0, z_1, z_2, z_3, z_4 とします．

方程式

$$z^5 - 1 = 0$$

より

$$(z-1)(z^4 + z^3 + z^2 + z + 1) = 0$$

となり

$$z_0 = 1$$
$$z^2 + z + 1 + \frac{1}{z} + \frac{1}{z^2} = 0$$

を得ます．このうち z_0 は 1 の 1 乗根ですが，他の四つの根は 1 の原始 5 乗根ということになります．そして後の式は

$$\left(z + \frac{1}{z}\right)^2 + \left(z + \frac{1}{z}\right) - 1 = 0$$

と書き換えられ，これから

$$z + \frac{1}{z} = \frac{-1 \pm \sqrt{5}}{2}$$

が求められます．よって方程式

$$z^2 - \frac{-1 \pm \sqrt{5}}{2}z + 1 = 0$$

を解いて，以下のように残りの四つの解が得られます．

$$z_1, \quad z_2 = \frac{-1 \pm \sqrt{5}}{4} + \frac{\sqrt{10 \pm 2\sqrt{5}}}{4}i$$

（復号が + のとき z_1，復号が − のとき z_2）

$$z_3, \quad z_4 = \frac{-1 \pm \sqrt{5}}{4} - \frac{\sqrt{10 \pm 2\sqrt{5}}}{4}i$$

（復号が − のとき z_3，復号が + のとき z_4）

つぎに

$$\cos\frac{\pi}{5} = \frac{-1+\sqrt{5}}{4}, \quad \sin\frac{\pi}{5} = \frac{\sqrt{10+2\sqrt{5}}}{4}$$

$$\cos\frac{2\pi}{5} = \frac{-1-\sqrt{5}}{4}, \quad \sin\frac{2\pi}{5} = \frac{\sqrt{10-2\sqrt{5}}}{4}$$

となることもわかります．こうして $\cos\frac{\pi}{5}$, $\sin\frac{\pi}{5}$, $\cos\frac{2\pi}{5}$, $\sin\frac{2\pi}{5}$ のそれぞれの値が求められることになります．

同様な方法により，$\cos\frac{3\pi}{5}$, $\sin\frac{3\pi}{5}$, および $\cos\frac{4\pi}{5}$, $\sin\frac{4\pi}{5}$ の値も求められます．

一般的に $z^N - y^N$ は

$$z^N - y^N = \prod_{k=0}^{N-1}(z - \zeta_N^k y)$$

と分解されます．したがって $N=5$ であれば 1 の 5 乗根を用いて，式は

$$z^5 - y^5 = (z-y)(z-\zeta_5 y)(z-\zeta_5^2 y)(z-\zeta_5^3 y)(z-\zeta_5^4 y)$$

と書き表されます．さらに $y=1$ とすれば，上の式は

$$z^5 - 1 = (z-1)(z-z_1)(z-z_2)(z-z_3)(z-z_4)$$

となります．ここで z_1 から z_4 は，前に述べたように

$$z_1 = \zeta_5, \quad z_2 = \zeta_5^2, \quad z_3 = \zeta_5^3, \quad z_4 = \zeta_5^4$$

のことです．

複素平面上で 1 の N 乗根を表す点は原点を中心とする半径 1 の単位円の

上にあり，正 N 角形の頂点をなしています．そして頂点のひとつは実軸上の点 1 となります．

1 の N 個ある N 乗根の和は，ちょうど 0 になります．これに関しては，例えば正三角形，正方形，正五角形などについて，その頂点の実部と虚部のそれぞれの和がちょうど 0 となることから確かめられます．また一般的には，つぎのようにして示されます．

等比数列の和の公式から

$$1 + e^{2\pi i/N} + e^{4\pi i/N} + e^{6\pi i/N} + \cdots + e^{2(N-1)\pi i/N}$$
$$= \frac{1 \cdot (1 - (e^{2\pi i/N})^N)}{1 - e^{2\pi i/N}} = \frac{1 - e^{2\pi i}}{1 - e^{2\pi i/N}} = 0$$

となります．これにより，N 個ある 1 の N 乗根の和は 0 になることがわかります．

第5章
素数定理について

5.1 素数定理とはどんな定理？

　素数とは 1 とその数を除いて，ほかには約数をもたない自然数を言います．ちなみに 50 未満の素数は順に

$$2, 3, 5, 7, 11, 13, 17, 19, 23, 29, 31, 37, 41, 43, 47$$

の 15 あり，また 100 未満では

$$53, 59, 61, 67, 71, 73, 79, 83, 89, 97$$

の 10 が加わります．このように 100 までには 25 の素数があるのですが，200 までには 21 の素数が加わり，300 までにはさらに 16 の素数が加わることになります．また合成数とは，1 を除く自然数のうち素数ではない数のことです．

　ところで素数は無限にあります．これについては，既に古代ギリシアの数学者ユークリッドによって示されています．つぎに，ある数 x 以下に限ったときの素数の個数についても考えてみたいのですが，これについては有名な素数定理があります．

　素数定理によれば，x 以下の素数の個数はシンプルな式 $\dfrac{x}{\log x}$ で表されることになるのです．素数の並びは不規則で，ばらばらに在るようであり，素数の個数を数式で表すことは，少し考えただけでもかなり難しい問題のように思われます．しかしながら，この問題に対しては多くの数学者によって取り組みがなされたこともあり，19 世紀の終わりになって定理は証明されたのです．

　この章では初めにこの素数定理について簡単にふれた上で，これをもとに

して素数の分布について調べることにしたいと思います．このときの分布の様子は，実は自然対数 $\log x$ を用いて描かれることになるのです．

素数の個数に関して，以下の定理が知られています．

定理（素数の無限性）　素数の個数は無限である．

この定理については，つぎのようにして証明されます．（ユークリッド（Euclid）による）

任意の n 個の異なる素数を $p_1, p_2, \cdots, p_n$ とします．このとき自然数

$$N = p_1 p_2 \cdots p_n + 1$$

が存在します．ここで N は $p_1, p_2, \cdots, p_n$ では割り切れません．なぜなら N を $p_1, p_2, \cdots, p_n$ のいずれで割っても 1 余るからです．よって N は $p_1, p_2, \cdots, p_n$ と異なる素数であるか，または $p_1, p_2, \cdots, p_n$ とは別の素数を因数にもつ合成数でなければならないことになります．いずれの場合においても，$p_1, p_2, \cdots, p_n$ 以外の素数 p_{n+1} が在るということになります．

これを繰り返せば，素数はいくらでも存在するということがわかります．

また，任意の数より大きい巨大な素数は，いくらでも在るということになります．

実数 x に対して，x 以下の素数の個数を $\pi(x)$ で表します．例えば，前述の 100 未満の素数のリストによれば

$$\pi(10) = 4, \quad \pi(25) = 9, \quad \pi(50) = 15, \quad \pi(100) = 25$$

となります．x が小さいときには，$\pi(x)$ は容易にわかるかもしれません．しかし x が大きいときなど，例えば

$$\pi(10^9) = 50847534$$
$$\pi(10^{12}) = 37607912018$$

となっているのですが，では一般的には $\pi(x)$ はどのように表されるので

しょうか．この問題に対しては，素数定理によって説明がなされるのです．

素数定理（prime number theorem）　x 以下の素数の個数 $\pi(x)$ は

$$\pi(x) \sim \frac{x}{\log x}$$

により表されます．ここで記号 $\sim$ については，$x \to \infty$ のとき $\frac{\pi(x)}{x/\log x} \to 1$ であることを表しています．

すなわちこの定理によれば，x が十分に大きいときには，$\pi(x)$ に対する $\frac{x}{\log x}$ の比は概ね 1 となる，ということがわかります．

素数定理が示されるまでの経緯について，簡単に説明をしておきましょう．

この問題について取り組んだ人のなかには，18 世紀の末頃における，ドイツのガウス（Gauss）およびフランスのルジャンドル（Legendre），そして 19 世紀なかばにかけてのロシアのチェビチェフ（Chebyshev）がいました．彼らは素数の個数に関する考察をすすめ，それを数式で表すことについて考えていたのです．

ガウスは素数の分布について詳細に調べました．そしてその結果をもとに，1791 年頃に素数の個数 $\pi(x)$ は関数 $Li(x)$ により

$$\pi(x) \sim Li(x)$$

となることを予想していました．ここで $Li(x)$ は

$$Li(x) = \int_2^x \frac{dt}{\log t}$$

で表される，対数積分と言われているものです．ガウスは既に素数の個数，素数の分布が，ネイピアの数 e を底とする自然対数と関係があることを見抜いていたのです．

上の式 $Li(x)$ によれば，$\pi(x)$ はゆるやかな逓減曲線である関数 $f(t) = \frac{1}{\log t}$ を 2 から x まで積分したときにできる図形の面積で表される，ということになります．にわかには信じられないかもしれませんが．ここでひとつ

表 5-1　x 以下の素数の個数 $\pi(x)$ と比べれば

x	$\pi(x)$	$x/\log x$	$Li(x)$	$x/(\log x - 1)$	$1/\log x$
1000	168	144	178	169	0.14476
10000	1229	1086	1246	1217	0.10857
100000	9592	8686	9630	9512	0.08685
1000000	78498	72382	78628	78030	0.07238
10000000	664579	620420	664918	661458	0.06204
100000000	5761455	5428681	5762209	5740303	0.05428
1000000000	50847534	48254942	50849235	50701542	0.04825

の例を挙げておきましょう．$x = 10^7$ のときには $\pi(10^7) = 664579$ ですが，これに対して $Li(10^7) = 664918$ となります．そしてこのときの $Li(10^7)$ の $\pi(10^7)$ に対する比は，$1.000510\cdots$ となります．この例でも見られるのですが，$Li(x)$ はかなり精度が高い式と言えるのです．なお $Li(x)$ と $\pi(x)$ の値を比較した例については，表 5-1 を参照ください．

　ルジャンドルは素数の個数についての研究をおこない，1798 年に $\pi(x)$ の近似式として
$$\frac{x}{\log x - A(x)}$$
であることを予想していました．そして，ここで見られる $A(x)$ について，ルジャンドルは $A(x) = 1.08366\cdots$ であり，したがって
$$\pi(x) \sim \frac{x}{\log x - 1.08366}$$
となると考えていたのです．

　さらにロシアのチェビチェフ（Chebyshev）は 1850 年に，$x \to \infty$ としたときに $\pi(x)/\dfrac{x}{\log x}$ の極限値が存在すれば，それは 1 であることを示し，また x が十分に大きいときには
$$C_1 \frac{x}{\log x} < \pi(x) < C_2 \frac{x}{\log x}$$
が成り立つことを示しました．ここで C_1, C_2 は

$$C_1 = 0.92129\cdots, \quad C_2 = C_1 \times \frac{6}{5} = 1.10555\cdots$$

となる定数です．この式は，素数定理にかなり近いと言えるものでした．

これまでに述べたガウスの式，ルジャンドルの式およびチェビチェフの式によれば，素数の個数については $\frac{x}{\log x}$ を拠り所として考えていたように思われます．

リーマン（Riemann）は複素関数としてのゼータ関数についての研究を進め，そのなかでリーマンの素数定理を示しました．リーマンによるゼータ関数に関する業績は，その後の素数についての研究を一層加速させることにもなったのです．

そして 1896 年になり，フランスのアダマール（Hadamard）とベルギーのド・ラ・ヴァレ・プサン（de la Vallée Poussin）の二人が，それぞれ素数定理の証明をなしとげたのです．このとき，ガウスによる予想から 100 年以上が経過していました．この証明に際しては複素関数が使われ，任意の実数 t に対してゼータ関数の値について $\zeta(1+it) \neq 0$ となることが用いられたのでした．

5.2 素数定理をもとにして

素数定理について，その右辺 $\frac{x}{\log x}$ を少し変えたときの式

$$\pi(x) \sim \frac{x}{\log x - 1}$$

が知られています．この式は前述のルジャンドルによる式において，$A(x) = 1$ とした場合になるのですが，実際に素数定理と比較したときには，より精度の高い式と言えるものです．素数の個数を表すこの式は，ド・ラ・ヴァレ・プサンによるものです．

例えば，$x = 10^7$ のとき，これを右辺に当てはめると

$$\frac{10^7}{\log 10^7 - 1} = 661458$$

となります．これに対して，$\pi(10^7) = 664579$ となっています．したがって，この場合の $\pi(10^7)$ に対する比は $0.995303\cdots$ となります．

表 5-1 は，$\pi(x)$ に対する $\dfrac{x}{\log x}$，$Li(x)$ および $\dfrac{x}{\log x - 1}$ のいくつかの例について，値を比較しながらまとめたものです．そして右端の $\dfrac{1}{\log x}$ は，素数の個数を $\dfrac{x}{\log x}$ としたときの素数の割合を表した数字となります．

この表からも読み取れるのですが，実際に $Li(x)$ の方が $\dfrac{x}{\log x - 1}$ より精度の高いことが知られているのです．

ところで

$$\pi(x) \sim \int_2^x \frac{dt}{\log t}$$

$$\pi(x) \sim \frac{x}{\log x - 1}$$

となることをここで確かめてみましょう．ただし，$\lim_{x \to \infty} \dfrac{\pi(x)}{x/\log x} = 1$ であることを前提としています．

初めの式から説明します．

積分 $Li(x) = \displaystyle\int_2^x \frac{dt}{\log t}$ と積分 $\displaystyle\int_0^x \frac{dt}{\log t}$ の差は 1.04 と小さいので，以降においては

$$li(x) = \int_0^x \frac{dt}{\log t}$$

をもとにして考えることにします．

まず

$$\lim_{x \to \infty} \frac{x/\log x}{li(x)} = 1$$

であることを確かめます．この関数 $li(x)$ についてですが，つぎのようにして繰り返し部分積分されます．

$$li(x) = \int_0^x \frac{dt}{\log t} = \frac{x}{\log x} + \int_0^x \frac{dt}{(\log t)^2}$$

$$= \frac{x}{\log x} + \frac{x}{(\log x)^2} + 2\int_0^x \frac{dt}{(\log t)^3}$$

$$= \frac{x}{\log x} + \frac{x}{(\log x)^2} + \frac{2!x}{(\log x)^3} + \cdots + \frac{(n-1)!x}{(\log x)^n} + \cdots$$

この $li(x)$ の最後の式について，右辺と第 1 項 $\dfrac{x}{\log x}$ との比をとり $x \to \infty$ とすれば第 2 項以降の項 $\to 0$ であり，したがって $li(x)$ と $\dfrac{x}{\log x}$ の比は次第に 1 に近づくということがわかります．つまり，この式では第 1 項が主要な項となります．ただし第 2 項以降の差があり，$li(x)$ を $Li(x)$ に置き換えて

$$Li(x) > \frac{x}{\log x}$$

となるのですが，これについては表 5-1 からも読み取れます．

そこで，もとの問題に戻ると

$$\lim_{x \to \infty} \frac{\pi(x)}{\int_2^x \dfrac{dt}{\log t}} = \lim_{x \to \infty} \frac{\pi(x)}{li(x)} = \lim_{x \to \infty} \frac{\pi(x)}{x/\log x} \cdot \frac{x/\log x}{li(x)} = 1 \cdot 1 = 1$$

となることがわかります．これで初めの式の成り立つことが示されました．

後の式については，つぎのように式変形を進めます．

$$\lim_{x \to \infty} \frac{\pi(x)}{x/(\log x - 1)} = \lim_{x \to \infty} \frac{\pi(x)}{x/\log x} \cdot \frac{x/\log x}{x/(\log x - 1)}$$
$$= \lim_{x \to \infty} \frac{\pi(x)}{x/\log x} \cdot \frac{\log x - 1}{\log x} = 1 \cdot 1 = 1$$

以上により，後の式の成り立つことも示されました．

これまでは「x 以下の素数の個数」について調べ，そのなかで x が一桁ずつ増えたときの素数の個数が増える様子について見てきました．ただこの方法によれば，実は範囲の 1 割が重複していることになります．そこで，重複しないようにした場合の，「ある定められた区間における素数の個数」についても，少し考えてみることにしたいと思います．

表 5-2 は，このように重複を避けながら区間を 10 倍ずつ大きくなるように分けたとき，素数の個数がどのように変わるのかを改めて調べたものです．

表 5-2　ある区間の x の素数の個数 $\pi(x)$ との比較

$[x_1, x_2]$	$\pi(x)^*$	$(x/\log x)^*$	$Li(x)^*$	$(x/(\log x - 1))^*$
$[0, 10^4]$	1229	1080	1246	1217
$[10^4, 10^5]$	8363	7600	8384	8295
$[10^5, 10^6]$	68969	63696	68998	68518
$[10^6, 10^7]$	586081	548038	586290	583428
$[10^7, 10^8]$	5096876	4808261	5097291	5078845
$[10^8, 10^9]$	45086079	42826261	45087026	44961239

このとき x_1 以上で x_2 未満の範囲（$[x_1, x_2]$ と書く）における素数の個数 $\pi(x)^*$ は，三つの式

$$\left(\frac{x}{\log x}\right)^* = \frac{x_2}{\log x_2} - \frac{x_1}{\log x_1}$$

$$Li(x)^* = Li(x_2) - Li(x_1)$$

$$\left(\frac{x}{\log x - 1}\right)^* = \frac{x_2}{\log x_2 - 1} - \frac{x_1}{\log x_1 - 1}$$

により求められます．そして，それらの計算結果をまとめたのが表 5-2 です．

表で例えば $[10^7, 10^8]$ の区間における素数の個数は $\pi(10^8) - \pi(10^7) = 5096876$ ですが，このときの三つの式の値はそれぞれ

$$\frac{10^8}{\log 10^8} - \frac{10^7}{\log 10^7} = 4808261$$

$$Li(10^8) - Li(10^7) = 5097291$$

$$\frac{10^8}{\log 10^8 - 1} - \frac{10^7}{\log 10^7 - 1} = 5078845$$

となります．なおこの場合の $\pi(10^8) - \pi(10^7)$ に対する比は，順に

$$0.94337\cdots, \quad 1.00008\cdots, \quad 0.99646\cdots$$

となっています．

ただしこのような方法により調べたときでも，素数の分布を見る観点においては「x 以下の」としたときと比較して大きな相違はありません．

5.3 ディリクレによる業績

素数の並びを観察してみると，1の位の数は $1, 3, 7$ または 9 のいずれかであることがわかります．そこで例えば 250 以下の素数をこの四つのグループに分けて書いてみると，それらはつぎのようになります．ただし，ここでは素数 $2, 5$ を除いています．

1 の位が 1 : $11, 31, 41, 61, 71, 101, 131, 151, 181, 191, 211, 241$
1 の位が 3 : $3, 13, 23, 43, 53, 73, 83, 103, 113, 163, 173, 193, 223, 233$
1 の位が 7 : $7, 17, 37, 47, 67, 97, 107, 127, 137, 157, 167, 197, 227$
1 の位が 9 : $19, 29, 59, 79, 89, 109, 139, 149, 179, 199, 229, 239$

このときの四つのグループのそれぞれの個数は，$12, 14, 13, 12$ となっています．

ところで，私達は既に素数の個数は無限であることを知っています．では，このように分けられた四種類の素数の個数は，それぞれがすべて無限となるのでしょうか．それとも，そうではないグループがあるのでしょうか．

この問題に関して，ディリクレの算術級数定理というものについて，簡単に述べておきましょう．

k と n が互いに素である自然数 $(1 \leq k < n)$ とすれば，初項が k，公差が n の等差数列においては，無限に多くの素数が存在する，ということが知られています．すなわち $p \equiv k \bmod n$ を満たす素数 p は，いくらでも存在するということです．これは 1837 年になってディリクレ（Dirichlet）によって示されたもので，そのためディリクレの算術級数定理（theorem on arithmetic progressions）と呼ばれているものです．この証明に際してはディリクレの L 関数が導入されるなど，解析的な新たな方法が用いられたのでした．

1 の位が $1, 3, 7$ または 9 の素数の個数についてこの定理にあてはめれば，$n = 10$，$k = 1, 3, 7, 9$ とおいたときの等差数列についての議論ということになります．

表 5-3　1 の位が 1,3,7,9 の素数の個数

x	1	3	7	9	合計
1000	40	42	46	38	168
10000	306	310	308	303	1229
100000	2387	2402	2411	2390	9592
1000000	19617	19665	19621	19593	78498

例えば初項が $k=7$，公差が $n=10$ の等差数列

$$7, 17, 27, 37, 47, 57, 67, 77, 87, 97, \cdots$$

においては

$$7, 17, 37, 47, 67, 97, \cdots$$

など，素数である項が無限にあるということになります．このように，1 の位で分けた四種類の素数の個数はいずれも無限である，ということが言えるのです．

つぎに，x 以下の素数の個数を四つのグループに分けて調べてみると，その結果は表 5-3 のようになります．（合計欄の個数には，素数 2, 5 を数に含みます．）この表によれば，それぞれのグループの素数の個数は，ほぼ同じであるということが言えます．例えば 100000 以下の場合では，1 の位が 1, 3, 7 または 9 である素数の個数が占める割合（％）は，順に

$$24.89, \quad 25.04, \quad 25.14, \quad 24.92$$

となり，また 1000000 以下の場合では，順に

$$24.99, \quad 25.05, \quad 25.00, \quad 24.96$$

となっています．（四捨五入により，小数点以下 2 桁まで算出）

等差数列に含まれる素数に関しては，つぎのことが知られています．

前頁で述べた等差数列について考えます．そして，これに含まれる x 以下の素数の個数を，$\pi_{n,k}(x)$ で表すことにします．このとき $x \to \infty$ とすれば，$\pi_{n,k}(x)$ は $\pi(x)$ を $\varphi(n)$ で除したときの数で書き表されるのです．すなわち $\pi_{n,k}(x)$ を式で表せば

$$\pi_{n,k}(x) \sim \frac{1}{\varphi(n)} \frac{x}{\log x}$$

となります．素数定理と関係のあるこの式は，ネイピアの数を底とする自然対数で書かれています．ここで $\varphi(n)$ はオイラー関数であり，自然数 $1, 2, \cdots, n$ のうち n と互いに素となる自然数の個数を表しています．

この式について大切なことは，左辺には k が含まれているのですが，右辺にはその k が含まれていないということです．すなわち $\pi_{n,k}(x)$ は k とは関係なく n によって決まる，ということになるのです．例えば 1 の位で分けたときの x 以下の四種類の素数の個数 $\pi_{10,k}(x), (k=1,3,7,9)$ は，$n=10$ のときの $\varphi(10)=4$ を上の式にあてはめて，いずれも $\dfrac{x}{4\log x}$ で表され，（1 の位である k によらず）同じであるということになります．

以上のとおり，1 の位で分けたときの x 以下の四種類の素数の個数はほぼ同じであり，式では例えば $\pi_{10,1}(x)$, $\pi_{10,3}(x)$ について

$$\lim_{x \to \infty} \frac{\pi_{10,1}(x)}{\pi_{10,3}(x)} = 1$$

が成り立ちます．もちろん，$\pi_{10,7}(x), \pi_{10,9}(x)$ を含めたほかの組み合わせの場合についても同様です．例は少ないのですが，表にある $x = 1000, 10000, 100000, 1000000$ に関し二つの場合について計算してみると，つぎのようになっていることがわかります．（小数点 5 桁以下は切捨て）

$\dfrac{\pi_{10,1}(x)}{\pi_{10,3}(x)}$ については順に，0.9523，0.9870，0.9937，0.9975

$\dfrac{\pi_{10,1}(x)}{\pi_{10,9}(x)}$ については順に，1.0526，1.0099，0.9987，1.0012

等差数列に含まれる，x 以下の素数の個数の問題について考察をすすめたのが，ディリクレでした．ディリクレは，素数定理が正しいことを前提に，k と n が素のとき，素数 $p \equiv k \bmod n$，すなわち p を n で割ったときの余

りが k となる素数は，k とは関係なく，n に対して同じような個数で分布している，ということを示したのです．この当時，すなわち19世紀の前半においては，未だ素数定理が証明されてなかったのでした．しかるにその後1896年になり，アダマールとド・ラ・ヴァレ・プサンによって素数定理が証明され，前述の $\pi_{n,k}(x)$ についての式が示されることになったのです．

5.4 二組に分けられる素数

素数の分布と関係のある，もうひとつの例を挙げておきましょう．

4を法とする自然数 $1 \bmod 4$, $2 \bmod 4$, $3 \bmod 4$, $0 \bmod 4$ のなかで素数となり得るのは，2を除けば素数 $p_{1(4)} \equiv 1 \bmod 4$（$p_{1(4)}$ は，4で割ったときの余りが1の素数を表すものとします．以下，同様です．）または $p_{3(4)} \equiv 3 \bmod 4$ のいずれかです．実際，150以下の素数を分けて書けばつぎのようになります．

素数 $p_{1(4)}$ は

$$5, 13, 17, 29, 37, 41, 53, 61, 73, 89, 97, 101, 109, 113, 137, 149$$

また素数 $p_{3(4)}$ は

$$3, 7, 11, 19, 23, 31, 43, 47, 59, 67, 71, 79, 83, 103, 107, 127, 131, 139$$

となります．

$p_{1(4)}$ と $p_{3(4)}$ の個数は，100以下の場合ではそれぞれ11と13とになっています．また300以下の場合ではそれぞれ29と32であり，500以下の場合では，それぞれ44と50であることが確かめられます．

ところで既に述べた $\pi_{4,k}(x)$ についての式によれば，素数 $p_{1(4)}$ と $p_{3(4)}$ は同じような個数で分布しているということになるのでした．しかし今の場合，例は少ないものの，あるいは

$$\pi_{4,1}(x) < \pi_{4,3}(x)$$

ではないかと思いたくもなるのかもしれません．

実のところ，この問題に関しては既に決着がついていて，1914年にリトルウッド（Littlewood）によって，x を大きくしていけば

$$\pi_{4,1}(x) - \pi_{4,3}(x)$$

の符号は無限回変わる，ということが示されたのです．

ところで，素数 $p_{1(4)}$ と $p_{3(4)}$ は対称的なところがあり，ずいぶん異なる性質をもっています．

素数 $p_{1(4)}$ は二個の整数（奇数と偶数）の平方の和として，ただ一通りの方法で表されることが知られています．例えば素数 41 は

$$41 = 4^2 + 5^2$$

となります．また 97 は素数であり，例えば $195 = 3 \cdot 5 \cdot 13$ のように分解はできません．当然のことですが．ところが分解される範囲が複素数にまで許されれば，a, b を整数として $a + bi$ と $a - bi$ の積で書くことができるのです．今の素数 97 の場合は

$$97 = (4 + 9i)(4 - 9i)$$

と分解されるのです．これにより

$$97 = 4^2 + 9^2$$

となり，2 個の整数の平方の和で書き表されるのです．素数 $p_{1(4)}$ はこのように分解されて，二つの整数の平方の和で書くことができるのです．

これに対して，素数 $p_{3(4)}$ は $p_{1(4)}$ のように分解されることはなく，そのため二個の整数の平方の和として表すことはできないのです．

このように素数 $p_{1(4)}$ が二個の整数の平方の和によって表すことができることはフランスのフェルマー（Fermat）により発見され，後にオイラーによって証明されました．

なお，これと似たことが素数 $p_{1,3(8)}$ と素数 $p_{5,7(8)}$

$$p_{1,3(8)} \equiv 1,3 \bmod 8, \quad p_{5,7(8)} \equiv 5,7 \bmod 8$$

に分けた場合についても言えるのです．このうち素数 $p_{1,3(8)}$ は $m^2 + 2n^2$ (m, n は整数) の形に書けるのです．例えば 19 は

$$19 = 1^2 + 2 \cdot 3^2$$

と書き表されます．19 は

$$19 = (1 + 3\sqrt{2}i)(1 - 3\sqrt{2}i)$$

と分解されるためです．

他方で，$p_{5,7(8)}$ はこのように分解されることはないのです．

素数は，ばらばらにちりばめられて存在しているかのように思われます．ただ，それらは異なった性質をもつ二組の素数 $p_{1(4)}$ と $p_{3(4)}$ に分けて考えることができるのですが，この場合，二組の素数は実は同じように分布しているのです．また素数を $p_{1,3(8)}$ と $p_{5,7(8)}$ の二組に分けて考えたときにも似たようなことが言えるのであり，さらに mod3 に関して素数を $p_{1(3)}$ と $p_{2(3)}$ に分けた場合についても，同じようなことが言えるのです．このように素数を mod によって二組に分けたとき，それぞれの素数が異なった性質をもっていることに加え，それぞれの個数が平等に分布しているということになるのです．

第6章
自然対数が描く素数の分布

6.1 素数の並びを見れば

　この節では前の章で述べた素数定理をもとにして，引き続き素数の分布について調べてみたいと思います．

　イメージとしては自然数 $1, 2, 3, 4, 5, 6, 7, \cdots$ のなかに在る素数 $2, 3, 5, 7, \cdots$ をマクロ的に観測する，言わば遠くから眺めてみるのです．確かに，直感的には素数は規則的ではなく，ばらばらに点在しているように思われます．しかし私達は素数定理を手に入れたわけですから，これをもとにして素数の間隔がどのように変化するのかなどを調べ，素数の分布についてもう少し探ってみたいと思います．

　x 以下の自然数における素数の割合は，素数定理についてのド・ラ・ヴァレ・プサンによる式を用いて

$$\frac{1}{\log x - 1}$$

で表されることになります．x が大きくなるにつれて，素数が分布する割合，つまり素数の密度は小さくなることをこの式は示しています．

　このことは，つぎのことからも理解できます．

　まず 2 の倍数，つまり偶数は素数から除かれます．続いて 3 の倍数が除かれます．加えて 5 以降では 5 の倍数も，7 以降では 7 の倍数も，そして 11 以降では 11 の倍数も除かれることになります．このようにして，順に 13 以降，17 以降と，つぎつぎとその倍数が除かれるのです．例えば 1 と 1000 の間および 1001 と 2000 の間においては，17 の倍数がある確率は同じです．しかし，前者においては素数 17 が含まれているのに対し，後者においては

それらはすべてが合成数です．このように，数が大きくなるにつれて素数の割合が減り，逆に合成数の割合が増えるということになります．

ただ素数の密度が小さくなったとしても，その個数が無限であることは変わりません．

つぎに上の式の逆数である

$$\log x - 1$$

は，x 以下に存在する隣り合う二つの素数の平均的な間隔，すなわちある素数から数えて次の素数は何番目の数になるのか，を示した式ということになります．ただしここで言う数は，素数定理をもとにした計算の上での数です．

例えば 10000 に近いところの 10 個の素数は

$$\cdots, \quad 9887, \quad 9901, \quad 9907, \quad 9923, \quad 9929,$$
$$9931, \quad 9941, \quad 9949, \quad 9967, \quad 9973, \quad \cdots$$

ですが，このときの間隔は，順に以下のようになっています

$$14, \quad 6, \quad 16, \quad 6, \quad 2, \quad 10, \quad 8, \quad 18, \quad 6$$

これに対して，上の式による計算上の間隔は，$\log 10000 - 1 = 8.210\cdots$ となります．今の例からも，素数がばらばらにあるということが改めて理解できます．

表 6-1 は，素数の分布についていくつかの試算をしてみたものです．

平均的な素数の間隔は，例えば 10^5 以下では $10^5 \div \pi(10^5) = 10.425\cdots$ と計算され，また 10^6 以下では $10^6 \div \pi(10^6) = 12.739\cdots$ と計算されます．よって，10^6 までと 10^5 までにおける間隔の差は

$$(12.739\cdots) - (10.425\cdots) = 2.313\cdots$$

となっており，これだけ素数の間隔が大きくなっていることがわかります．

表 6-1 素数の分布

x	$\pi(x)$	$x/\pi(x)$	間隔の差	$\log x - 1$
10000	1229	8.136...	2.184...	8.210...
100000	9592	10.425...	2.288...	10.512...
1000000	78498	12.739...	2.313...	12.815...
10000000	664579	15.047...	2.308...	15.118...
100000000	5761455	17.356...	2.309...	17.420...
1000000000	50847534	19.666...	2.309...	19.723...

つぎに素数の間隔について，実際の例と $\log x - 1$ をもとにした計算値を比較してみましょう．表によれば $\log x - 1$ は，素数の平均的な間隔 $\dfrac{x}{\pi(x)}$ に近似していることが読み取れます．ひとつの例を挙げておきましょう．
$x = 10^7$ の場合では，$\dfrac{10^7}{\pi(10^7)} = 15.047\cdots$ に対して $\log 10^7 - 1 = 15.118\cdots$

表によれば，そのほかの場合においても，おおむね同じ傾向であることが示されています．もちろん，このことは素数定理が述べている内容でもあるのですが．これにより，$x = 10^y$ 以下における隣接する二つの素数の平均的な間隔は，$\log 10$ を 2.30 とすれば大体 $\log x - 1$，言い換えれば $2.30y - 1$ で表されることがわかります．このように素数の間隔は，10 のべきである y の 1 次式によって表されることになるのです．

つまり x が 1 桁増すごとに，大体 $2.30\cdots$ 程度の割合で素数の間隔が広がっていることになるのです．またこれにより x が大きくなるに従い，素数の密度は小さくなるわけです．

6.2 素数の分布の変化する様子

これまでは，主として x 以下にある隣り合う二つの素数の間隔について考えてきました．そこでもう少し詳しく見るために，以降では定められた区間のなかに存在する，ある素数と次の素数との間隔について調べてみたいと思います．このために作成したのが表 6-2 です．

表 6-2 素数の間隔の比較

$x/\pi(x)$	間隔	間隔の差 $d_2 - d_1$	間隔の比 d_2/d_1
$(10^4 - 10^3)/1061$	8.482...	2.188...	1.347...
$(10^5 - 10^4)/8363$	10.761...	2.279...	1.268...
$(10^6 - 10^5)/68969$	13.049...	2.287...	1.212...
$(10^7 - 10^6)/586081$	15.356...	2.306...	1.176...
$(10^8 - 10^7)/5096876$	17.657...	2.301...	1.149...
$(10^9 - 10^8)/45086079$	19.961...	2.303...	1.130...

二つの数 $x_1, x_2, (x_1 < x_2)$ を考えます．この区間 $[x_1, x_2]$ のなかに存在する素数の個数は $\pi(x_2) - \pi(x_1)$ ですから，隣り合う素数の平均的な間隔 d_1 は

$$d_1 = \frac{x_2 - x_1}{\pi(x_2) - \pi(x_1)}$$

となります．同様に二つの数 $x_2, x_3, (x_2 < x_3)$ に対して，区間 $[x_2, x_3]$ における素数の平均的な間隔 d_2 は

$$d_2 = \frac{x_3 - x_2}{\pi(x_3) - \pi(x_2)}$$

となります．

この d_2 と d_1 を基にして，二つの区間における間隔の差 $d_2 - d_1$ が求められます．例えば，$[10^4, 10^5]$ および $[10^3, 10^4]$ における間隔の差は

$$(10.761\cdots) - (8.482\cdots) = 2.279\cdots$$

となります．また同じように間隔の比 $\dfrac{d_2}{d_1}$ も求められ，今の例では

$$\frac{10.761\cdots}{8.482\cdots} = 1.268\cdots$$

となります．表 6-2 はこのようにして計算した結果をまとめたものです．

つまりこの表は 10 倍ごと大きくなるように区間を定めたときの，区間内の二つの素数の間隔の変化する様子について調べたものです．これによれば，区間がひとつ大きくなるごとに，間隔は $\log 10$ ずつ広くなり，また間隔

の比はどうやら 1 に近づくように思われます.

　これまでの議論をもとにしながら，つぎは一般論として考えてみたいと思います.

　$1, 2, \cdots$ から始まり，どこまでも続く自然数の並びについて考えることにしましょう．そして，この数の並びを区切り，区間 1, 区間 2, $\cdots$ と分割していくことにします．ただしこの場合，番号が一つ進むごとに，区間は $a(>1)$ 倍ずつ大きくなるように区切っていきます.

　実はこのとき，区間番号が 1 増えるごとに，そのなかにある隣接する二つの素数の間隔は，平均的には $\log a$ ずつ広がっていくことになるのです．例えば $a = 10$ とすれば，概ね $\log 10 = 2.302\cdots$ 程度ずつ広がるのであり，また $a = 100$ とすれば $\log 100 = 4.605\cdots$ 程度ずつ広がるということになるのです.

　これについては，以下により理解することができます．なおここでは，素数定理による式 $\dfrac{x}{\log x}$ をもとにして考えることにします.

　二つの正の数 x と ax の間においては，素数の自然数に対する割合は

$$\frac{1}{ax-x}\left(\frac{ax}{\log(ax)} - \frac{x}{\log x}\right) = \frac{1}{ax-x}\frac{ax\log x - x\log(ax)}{\log(ax)\log x}$$

となります．この式の逆数を $f_1(x)$ とすれば

$$f_1(x) = (ax-x)\frac{\log(ax)\log x}{ax\log x - x\log(ax)}$$

は，x と ax の間にある隣接する二つの素数の平均的な間隔を表す式であると言えます．同様に，二つの正の数 ax と a^2x の間にある二つの素数の平均的な間隔を表す式 $f_2(x)$ は

$$f_2(x) = (a^2x-ax)\frac{\log(a^2x)\log(ax)}{a^2x\log(ax) - ax\log(a^2x)}$$

となります．この二つの式の差はつぎのようになります.

$$f_2(x) - f_1(x) = \frac{(a-1)^2\log a(\log x)^2 + c_1\log x + c_2}{(a-1)^2(\log x)^2 + c_3\log x + c_4}$$

ただし，式における c_1, c_2, c_3, c_4 は係数です．

ここで $x \to \infty$ としたときの $f_2(x) - f_1(x)$ の極限は，式の分母および分子を $(a-1)^2(\log x)^2$ で除することにより求められ

$$\lim_{x \to \infty} \{f_2(x) - f_1(x)\} = \log a$$

となります．また $\dfrac{f_2(x)}{f_1(x)}$ について，$x \to \infty$ とすれば

$$\lim_{x \to \infty} \frac{f_2(x)}{f_1(x)} = 1$$

となることもわかります．すなわち間隔の比を表す $\dfrac{d_2}{d_1}$ の $x \to \infty$ のときの極限値は，1 となることが示されます．

このように見てくると，素数の並びはやはりネイピアの数 e を底とする自然対数と深い関係がある，ということがわかります．私達は，既にゼータ関数を通して自然数（無限級数に含まれる），素数（オイラー積に含まれる）と円周率（値に含まれる）の関係を見てきました．こんどは素数定理を通じて，ネイピアの数を底とする自然対数と素数の分布との関係を改めて見ることができた，と言えるかもしれません．

6.3 n 番目の素数 p_n はどんな数？

数が大きくなるにしたがい，素数の間隔は次第に広がるということがわかりました．それでは n 番目の素数はどのような数でしょうか．この問題はなかなか難しいように思われるのですが，同時に興味のあるところでもあります．しばらくは，この問題について考えてみましょう．

まず直感的に考えられることは，n 番目の素数は

$$(\log n - 1) \times n = n(\log n - 1)$$

になるだろうという予想です．すなわち，「二つの素数の平均的な間隔 × 素

6.3 n 番目の素数 p_n はどんな数？

数の個数」を n だけで表そうとする場合には，上の式が考えられるのです．そこでこの式をもとにしながら，もう少し考察をしてみたいと思います．

素数定理により，x 以下の素数の個数は大体 $\dfrac{x}{\log x - 1}$ で表されることになります．これにより [ ] をガウス記号として，$n = \left[\dfrac{x}{\log x - 1}\right]$ 番目の素数 p_n は，x に近い数，すなわち，おおまかに言えば p_n は x にほぼ等しいということになります．このときの x を n で表すことが，ここでの問題となるわけです．なお $[x]$ は，実数 x を超えない最大の整数を表します．

厳密な議論を別とすれば，n 番目の素数を表す方法のひとつには

$$p_n^* = \frac{n(\log n - 1)^2}{(\log n - 1) - \log(\log n - 1)}$$

が考えられます．

この p_n^* は，以下のようにして得られるものです．

自然数 n 以下の二つの素数の平均的な間隔は

$$\log n - 1 = \log \frac{x}{\log x - 1} - 1 = \log x - 1 - \log(\log x - 1)$$

となります．これに対して x 以下の二つの素数の間隔は $\log x - 1$ でしたから，間隔の拡大率は

$$\frac{\log x - 1}{\log n - 1} = \frac{\log x - 1}{(\log x - 1) - \log(\log x - 1)}$$

となります．この倍率を表す式における x を，形式的に n に置き換えたときの

$$\frac{\log n - 1}{(\log n - 1) - \log(\log n - 1)}$$

についてここで考えます．目指す式を x ではなく，n を用いて表すために敢えてこの式を使うことにするものです．

そこで $n(\log n - 1)$ に今述べた倍率を掛ければ，上で掲げた p_n^* についての式が得られるのです．ただしこの考え方には，多少粗いところがあるので，あくまでもおおまかに捉えた場合の式ということになります．

例えば 10^3 番目の素数は，p_n^* の式で $n = 10^3$ とすれば，8448 と計算され

ます．実際には 7919 ですので，このときの誤差は 6.7% です．また 10^4 番目の素数は，式で $n = 10^4$ とすればそれは 110418 と計算されます．実際には 104729 ですので，このときの誤差は 5.4% です．さらに 10^{12} 番目の素数は，式で $n = 10^{12}$ とすればそれは $30.374\cdots \times 10^{12}$ と計算されます．実際には該当の素数は 30019171804121 ですから，このときの誤差は 1.2% です．

n は大きい数ですから，n 番目の素数を表す第二の方法として p_n^* の式を簡単にした

$$p_n^{**} = \frac{n(\log n)^2}{\log n - \log \log n}$$

が考えられます．さらには第三の方法として，最初に挙げた式

$$p_n^{***} = n(\log n - 1)$$

または

$$p_n^{***} = n \log n$$

が考えられます．このように n 番目の素数を表す方法として，$p_n^*, p_n^{**}, p_n^{***}$ の三つが考えられることになります．

今の場合

$$\lim_{n \to \infty} \frac{p_n^*}{p_n^{**}} = \lim_{n \to \infty} \left\{ \frac{n(\log n - 1)^2}{(\log n - 1) - \log(\log n - 1)} \cdot \frac{\log n - \log \log n}{n(\log n)^2} \right\}$$
$$= \lim_{n \to \infty} \left\{ \left(\frac{\log n - 1}{\log n} \right)^2 \frac{\log n - \log \log n}{(\log n - 1) - \log(\log n - 1)} \right\} = 1 \cdot 1 = 1$$

であり，また

$$\lim_{n \to \infty} \frac{p_n^{**}}{p_n^{***}} = \lim_{n \to \infty} \left(\frac{n(\log n)^2}{\log n - \log \log n} \cdot \frac{1}{n \log n} \right) = 1$$

となることが確かめられます．

三つの数 $n = 1000, 100000, 10000000$ に対して，n 番目の素数を表す三つの数 $p_n^*, p_n^{**}, p_n^{***} (= n \log n)$ を計算すれば，それぞれ表 6-3 のようになります．ここで，カッコ内はこれらの値の実際の素数 p に対する比を表しています．

6.3 n 番目の素数 p_n はどんな数？

表 6-3 n 番目の素数

n	p_n	p_n^*	p_n^{**}	p_n^{***}
1000	7919	8448(1.067)	9591(1.211)	6908(0.872)
100000	1299709	1354378(1.042)	1461471(1.124)	1151293(0.886)
10000000	179424673	184287269(1.027)	194774349(1.086)	161180957(0.898)

$p_n^{***}(= n \log n)$ について $n \to \infty$ とすれば $\dfrac{n \log n}{p_n} \to 1$ となることは，つぎのようにして示されます．

素数定理により
$$\lim_{n \to \infty} \frac{\pi(x) \log x}{x} = 1$$
です．n 番目の素数を p_n とすれば，x を p_n と置き換えて上の式は
$$\lim_{n \to \infty} \frac{n \log p_n}{p_n} = 1$$
と書き換えられます．式の対数をとれば
$$\lim_{n \to \infty} (\log n + \log \log p_n - \log p_n) = 0$$
となるので，両辺を $\log p_n$ で割れば
$$\lim_{n \to \infty} \left(\frac{\log n}{\log p_n} + \frac{\log \log p_n}{\log p_n} \right) = 1$$
となります．ここで
$$\lim_{n \to \infty} \frac{\log \log p_n}{\log p_n} = 0$$
ですから
$$\lim_{n \to \infty} \frac{\log n}{\log p_n} = 1$$
です．以上により
$$\lim_{n \to \infty} \frac{n \log n}{p_n} = \lim_{n \to \infty} \left(\frac{n \log p_n}{p_n} \cdot \frac{\log n}{\log p_n} \right) = 1 \cdot 1 = 1$$
であることが示されます．

6.4 素数 p_n と次の素数 p_{n+1} の差について

前の節では n 番目の素数 p_n を表す，三つの式について考えました．これにより，p_n のつぎの素数 p_{n+1} もわかります．したがって隣り合う二つの素数 p_{n+1} と p_n の差 d_n

$$d_n = p_{n+1} - p_n$$

についても，つぎのとおり三通りで表されることになります．

すなわち

$$d_n^* = p_{n+1}^* - p_n^*$$
$$= \frac{(n+1)(\log(n+1)-1)^2}{(\log(n+1)-1) - \log(\log(n+1)-1)} - \frac{n(\log n - 1)^2}{(\log n - 1) - \log(\log n - 1)}$$

そして

$$d_n^{**} = p_{n+1}^{**} - p_n^{**} = \frac{(n+1)(\log(n+1))^2}{\log(n+1) - \log\log(n+1)} - \frac{n(\log n)^2}{\log n - \log\log n}$$

および

$$d_n^{***} = p_{n+1}^{***} - p_n^{***} = (n+1)\log(n+1) - n\log n$$

の三つの式により，d_n^*, d_n^{**} および d_n^{***} が得られます．ただしここでも厳密な議論は別として，おおまかなところを考えています．

例えば $n = 1000$ の場合を計算すれば，三つの式から

$$d_{1000}^* = 9.61\cdots$$
$$d_{1000}^{**} = 10.71\cdots$$
$$d_{1000}^{***} = 7.90\cdots$$

が得られます．

実際 $n = 1000$ の場合の素数は，$p_{1000} = 7919$ です．この前後にある 20 個の素数，つまり $p_{990} = 7829$ から $p_{1010} = 8017$ までの素数の間隔を調べてみると，順に以下のようになります．

7829 から 7919 までの範囲では

$$8, \quad 6, \quad 4, \quad 12, \quad 2, \quad 12, \quad 30, \quad 16, \quad 2, \quad 6$$

7919 から 8017 までの範囲では

$$12, \quad 12, \quad 14, \quad 6, \quad 4, \quad 2, \quad 4, \quad 18, \quad 6, \quad 12$$

となっています.

これを見ても，素数はばらばらに点在しているということが理解されます．いずれにしても，二つの素数の間隔を数式で正確に表すことは，とても難しいことのように思われます．

n 個の連続する自然数

$$(n+1)! + 2, \quad (n+1)! + 3, \quad \cdots, \quad (n+1)! + (n+1)$$

は，それぞれ 2, 3, $\cdots$, $(n+1)$ で割り切れるので，合成数です．したがって n のとり方によっては，いくらでも大きな，合成数だけからなる区間が存在することになります．

ここでは $n \to \infty$ のとき，二つの素数の間隔 $d_n^{***} = p_{n+1}^{***} - p_n^{***}$ の極限値を形式的に求めると ∞ となることを確かめておきましょう.

$$\begin{aligned}
\lim_{n\to\infty} d_n^{***} &= \lim_{n\to\infty} \left\{ (n+1)\log(n+1) - n\log n \right\} \\
&= \lim_{n\to\infty} \log \frac{(n+1)^{n+1}}{n^n} = \lim_{n\to\infty} \log \left\{ \left(\frac{n+1}{n}\right)^n (n+1) \right\} \\
&= \lim_{n\to\infty} \left\{ \log \left(1 + \frac{1}{n}\right)^n + \log(n+1) \right\} \\
&= \log e + \lim_{n\to\infty} \log(n+1) = 1 + \lim_{n\to\infty} \log(n+1) = \infty
\end{aligned}$$

つぎに，二つの素数の間隔 d_n と素数 p_n について

$$\lim_{n\to\infty} \frac{d_n}{p_n} = 0$$

が成り立ちます．

この極限値は，以下のようにして示されます．

最初に $n \to \infty$ のとき $\dfrac{p_{n+1}}{p_n} \to 1$ となることを確かめます．

$$\lim_{n\to\infty} \frac{p_{n+1}}{p_n} = \lim_{n\to\infty} \left\{ \frac{p_{n+1}}{(n+1)\log(n+1)} \cdot \frac{n\log n}{p_n} \cdot \frac{n+1}{n} \cdot \frac{\log(n+1)}{\log n} \right\}$$
$$= 1 \cdot 1 \cdot 1 \cdot 1 = 1$$

となります．よって

$$\lim_{n\to\infty} \frac{d_n}{p_n} = \lim_{n\to\infty} \frac{p_{n+1} - p_n}{p_n} = \lim_{n\to\infty} \left(\frac{p_{n+1}}{p_n} - 1 \right) = 1 - 1 = 0$$

となることがわかります．

なお，ここでは

$$\lim_{n\to\infty} \frac{\log(n+1)}{\log n} = \lim_{n\to\infty} \left\{ \left(\frac{\log(n+1)}{\log n} - 1 \right) + 1 \right\}$$
$$= \lim_{n\to\infty} \left\{ \frac{\log(n+1) - \log n}{\log n} + 1 \right\}$$
$$= \lim_{n\to\infty} \frac{\log\left(1 + \dfrac{1}{n}\right)}{\log n} + 1 = 0 + 1 = 1$$

となることを用いています．

既に見てきたように，x 以下の隣接する二つの素数の平均的な間隔は，$\log x - 1$ で表されるのでした．これにより，素数が大きくなると，その隣りにある素数との間隔は拡大する傾向にあることになります．しかしそれは素数が大きくなる程度にはおよばない，すなわち $n \to \infty$ のとき，比 $\dfrac{d_n}{p_n}$ は次第に 0 に近づく，ということが言えるわけです．

第7章
ゼータ関数をめぐる旅

7.1 美しいゼータ関数

最初に，ゼータ関数の例を見るところから始めましょう．

つぎの式は，分子が1で分母が自然数の2乗からなる分数の和が順に続く無限級数になっています．

$$1 + \frac{1}{2^2} + \frac{1}{3^2} + \frac{1}{4^2} + \frac{1}{5^2} + \frac{1}{6^2} + \cdots = \frac{\pi^2}{6}$$

また以下の例

$$1 + \frac{1}{2^4} + \frac{1}{3^4} + \frac{1}{4^4} + \frac{1}{5^4} + \frac{1}{6^4} + \cdots = \frac{\pi^4}{90}$$

の分母には，自然数の4乗が続くのが見られます．ゼータ関数はこのように，自然数のべき乗の逆数を足し合わせていったときの，無限級数を表したものです．例でも見られるのですが，べきが正の偶数のときのゼータ関数の値には，円周率 π が突然現れることになるのです．そしてそれは美しい式で書かれ，さまざまな不思議な性質をもった魅力あふれる関数でもあるのです．

円周率 π とネイピアの数 e の関係を語るなかで，実はゼータ関数はそれらを結ぶ大切な役割を担っていると言えるのです．さらに π と e に加え，オイラーの定数 γ の三つの数の関係について調べる際にも，同じようなことが言えるのです．したがって，ゼータ関数についてあらかじめ理解しておくことは，重要なポイントになってきます．

ところで前にも述べたのですが，べきが2の式，およびべきが4の式は，リーマンによるゼータ関数の記号 $\zeta(s)$ を用いて，それぞれ

$$\zeta(2) = \frac{\pi^2}{6}, \quad \zeta(4) = \frac{\pi^4}{90}$$

と書き表されます．ζ はギリシア文字の，アルファベット Z（ツェータ）の小文字にあたります．

なお，今日ではゼータ関数の正の偶数での値を表す式が見つかっているので，値は容易に求めることができます．

上の二つの級数はいずれも各項が正である正項級数の例ですが，つぎに正と負の項が交互に繰り返す交代級数の例を挙げておきましょう．

$$1 - \frac{1}{2^2} + \frac{1}{3^2} - \frac{1}{4^2} + \frac{1}{5^2} - \frac{1}{6^2} + \cdots = \frac{\pi^2}{12}$$

$$1 - \frac{1}{2^4} + \frac{1}{3^4} - \frac{1}{4^4} + \frac{1}{5^4} - \frac{1}{6^4} + \cdots = \frac{7\pi^4}{720}$$

これまでに挙げた無限級数の値は，いずれも「有理数×πのべき乗」の形となっています．このように値が円周率で表されるということを左辺から予想することは難しいことであり，とても不思議に思われます．

最初に掲げた値が $\frac{\pi^2}{6}$ となる式は，1734 年から翌年にかけてのオイラー（Euler）の論文において書かれているものです．これは，彼が繰り返し計算をするなかで発見したのでした．オイラー自身にとっても，値が円周率で書かれるということは，まさに意外なことのようでした．そしてオイラーは，これ以外に $\zeta(4)$, $\zeta(6)$, $\zeta(8)$, $\cdots$ などの多くの値についても計算をしています．

以降においては無限級数であるゼータ関数について，基本的な事項について説明をしておきたいと思います．

はじめにゼータ関数の収束性について，少しふれておきましょう．

実数 s について，$s > 1$ のときにはゼータ関数 $\zeta(s)$ は収束します．これについては

$$\sum_{n=1}^{\infty} \frac{1}{n^s} = 1 + \sum_{n=2}^{\infty} \frac{1}{n^s} \leq 1 + \sum_{n=2}^{\infty} \int_{n-1}^{n} x^{-s} dx = 1 + \int_{1}^{\infty} x^{-s} dx$$

$$= 1 + \lim_{K \to \infty} \int_{1}^{K} x^{-s} dx = 1 + \lim_{K \to \infty} \left[\frac{1}{1-s} x^{1-s} \right]_{1}^{K} = 1 + \frac{1}{s-1}$$

となることにより示されます.すなわち今の場合 $s > 1$ でしたから $\zeta(s)$ は $1 + \dfrac{1}{s-1}$ 以下の値となり,これにより収束することがわかります.

話はそれますが,今の結果により

$$\lim_{s \to \infty} (\zeta(s) - 1) \leq \lim_{s \to \infty} \frac{1}{s-1} = 0$$

となります.他方でゼータ関数の第 1 項は 1 ですから

$$\zeta(s) - 1 \geq 0$$

です.したがって

$$\lim_{s \to \infty} \zeta(s) = 1$$

であることが示されます.

$s = 1$ のときの $\zeta(1)$ は調和級数と呼ばれるのですが,この級数は無限大となり発散します.このことは積分を用いて

$$1 + \frac{1}{2} + \frac{1}{3} + \frac{1}{4} + \frac{1}{5} + \cdots > \int_1^\infty \frac{1}{x} dx = \lim_{K \to \infty} \int_1^K \frac{1}{x} dx$$
$$= \lim_{K \to \infty} \Big[\log x \Big]_1^K = \lim_{K \to \infty} \log K = \infty$$

が成り立つことにより,調和級数は発散することがわかります.

つぎに $0 \leq s < 1$ のときには,$\zeta(s)$ は発散することになります.なぜなら,この場合 $\dfrac{1}{n^s} > \dfrac{1}{n}, (n = 2, 3, 4, \cdots)$ ですから

$$\sum_{n=1}^{N} \frac{1}{n^s} > \sum_{n=1}^{N} \frac{1}{n}$$

となりますが,$N \to \infty$ のときの $\sum_{n=1}^{\infty} \dfrac{1}{n}$ は発散するのであり.よって $\sum_{n=1}^{\infty} \dfrac{1}{n^s}$ も発散することがわかります.

上で挙げた調和級数は,正項級数のひとつの例でした.ところで,同じように分母のべきが 1 であっても,交代級数の場合には収束の様子が異なるこ

とがあります．例えば前述のライプニッツの級数は収束し

$$1 - \frac{1}{3} + \frac{1}{5} - \frac{1}{7} + \frac{1}{9} - \frac{1}{11} + \cdots = \frac{\pi}{4}$$

となって，値は円周率 π で表されるのでした．またつぎのメルカトールの級数

$$1 - \frac{1}{2} + \frac{1}{3} - \frac{1}{4} + \frac{1}{5} - \frac{1}{6} + \cdots = \log 2$$

では，値は π ではなく e を底とする自然対数で表示されることも既に見てきました．

　この値が $\log 2$ となる級数の各項の絶対値をとった場合には，調和級数となり発散するのですが，このとき，もとの級数（メルカトールの級数）は条件収束すると言います．これに対して絶対値をとったときの級数が収束するときには，級数は絶対収束すると言います．絶対収束する級数の項の順序を変えても値は変わらないのですが，条件収束の場合には，項の順序の変更は収束性に影響を与えることがあり，扱いには注意が必要となります．

　なお二つの級数については，後の章においても取り上げることにします．

7.2 ゼータ関数はオイラー積で表される

　$s > 1$ のときゼータ関数 $\zeta(s)$ は無限積（オイラー積）を用いて

$$\zeta(s) = \sum_{n=1}^{\infty} \frac{1}{n^s} = \prod_{p} \frac{1}{1 - \frac{1}{p^s}}$$

と書き表されます．この最後の式の無限積における p は，すべての素数 $(2, 3, 5, 7, 11, \cdots)$ にわたります．したがって例えば $s = 2$ のときの $\zeta(2)$ は，オイラー積を用いて

$$1 + \frac{1}{2^2} + \frac{1}{3^2} + \frac{1}{4^2} + \cdots = \frac{1}{1 - \frac{1}{2^2}} \cdot \frac{1}{1 - \frac{1}{3^2}} \cdot \frac{1}{1 - \frac{1}{5^2}} \cdot \frac{1}{1 - \frac{1}{7^2}} \cdots$$

と書き表されることになります．左辺はすべての自然数を 2 乗したときの逆

数による無限級数であり，他方で右辺はすべての素数の 2 乗の逆数を含む項からなる無限積です．

このオイラー積は，さらにつぎのように書き換えられます．

$$1 + \frac{1}{2^2} + \frac{1}{3^2} + \frac{1}{4^2} + \frac{1}{5^2} + \cdots = \frac{2^2}{1 \cdot 3} \cdot \frac{3^2}{2 \cdot 4} \cdot \frac{5^2}{4 \cdot 6} \cdot \frac{7^2}{6 \cdot 8} \cdot \frac{11^2}{10 \cdot 12} \cdots$$

左辺の無限級数の第 k 項について $k \to \infty$ とすれば $\frac{1}{k^2} \to 0$ となるのに対し，右辺の無限積の第 k 項は $\frac{p_k^2}{(p_k - 1)(p_k + 1)} \to 1$ となります．なおここでの p_k は k 番目の素数を言い，例えば $p_1 = 2$, $p_2 = 3$, $\cdots$ となります．

オイラー積がゼータ関数に等しいことは，つぎのようにして示されます．

$$\zeta(s) = 1 + \frac{1}{2^s} + \frac{1}{3^s} + \frac{1}{4^s} + \frac{1}{5^s} + \frac{1}{6^s} + \cdots$$

をもとにして，$\zeta(s) - \frac{1}{2^s}\zeta(s)$ は

$$\left(1 - \frac{1}{2^s}\right)\zeta(s) = 1 + \frac{1}{3^s} + \frac{1}{5^s} + \frac{1}{7^s} + \frac{1}{9^s} + \cdots$$

となります．右辺には $\frac{1}{2^s}, \frac{1}{4^s}, \cdots$ などの，分母が偶数の s 乗となる項は見られません．同じように $\left(1 - \frac{1}{3^s}\right)$ の積をとった場合について考えると

$$\left(1 - \frac{1}{2^s}\right)\left(1 - \frac{1}{3^s}\right)\zeta(s) = 1 + \frac{1}{5^s} + \frac{1}{7^s} + \frac{1}{11^s} + \frac{1}{13^s} + \cdots$$

となります．右辺においては，こんどは分母が 3 の倍数の s 乗となる項も見られません．以降も同じように考えれば，k 番目の素数を p_k として

$$\left(1 - \frac{1}{2^s}\right)\left(1 - \frac{1}{3^s}\right)\cdots\left(1 - \frac{1}{p_k^s}\right)\zeta(s) = 1 + \sum_n \frac{1}{n^s}$$

となることがわかります．ただし，右辺の第 2 項の和は n が 2, 3, 5, $\cdots$, p_k を素因数にもたない自然数全体にわたります．ここで $k \to \infty$ とすると右辺の第 2 項の和の極限値は 0 となります．よってこのとき

$$\left(1-\frac{1}{2^s}\right)\left(1-\frac{1}{3^s}\right)\cdots\left(1-\frac{1}{p_k^s}\right)\zeta(s) \to 1$$

となることがわかります．これによりゼータ関数 $\zeta(s)$ は，オイラー積で表されることが示されました．

　ゼータ関数は自然数が順に現れる無限級数で表され，その値は円周率により書かれるのですが，実はオイラー積と等号で結ばれ，すべての素数 $(2, 3, 5, 7, 11, \cdots)$ が順に現れる積の形でも書き表されるのです．これはゼータ関数が私たちを魅了する，不思議な性質のひとつになっているのです．なおここでの「順に」について詳しくは，すべての自然数または素数が，大きさの順に1回に限り現れるということです．

　ここでは「すべての」という言葉が重要になります．すなわち，すべての数が協力することにより式が成り立ち，美しさが保たれることになるのです．仮に，数字ひとつでも欠けることになれば，どうなるのでしょうか．例えば素数3が欠けることになると，$\zeta(2)$ の式は

$$1+\frac{1}{2^2}+\frac{0}{3^2}+\frac{1}{4^2}+\frac{1}{5^2}+\frac{0}{6^2}+\frac{1}{7^2}+\frac{1}{8^2}+\frac{0}{9^2}+\frac{1}{10^2}+\cdots$$
$$=\frac{1}{1-\frac{1}{2^2}}\cdot\frac{1}{1-\frac{0}{3^2}}\cdot\frac{1}{1-\frac{1}{5^2}}\cdot\frac{1}{1-\frac{1}{7^2}}\cdot\frac{1}{1-\frac{1}{11^2}}\cdots=\frac{\pi^2}{6}-\sum_n\frac{1}{n^2}$$

と変わります．この最後の式の第2項の和について，n が3を素因数にもつ自然数全体の和を表します．したがって今の場合，式の値は

$$\left(1+\frac{1}{2^2}+\frac{1}{3^2}+\frac{1}{4^2}+\cdots\right)-\left(\frac{1}{3^2}+\frac{1}{6^2}+\frac{1}{9^2}+\frac{1}{11^2}+\cdots\right)$$
$$=\frac{\pi^2}{6}-\frac{1}{3^2}\left(1+\frac{1}{2^2}+\frac{1}{3^2}+\frac{1}{4^2}+\cdots\right)=\frac{\pi^2}{6}\left(1-\frac{1}{3^2}\right)=\frac{4\pi^2}{27}$$

となります．以上からもわかるように，素数が欠けることになると式は少し複雑になっていきます．

　やはり自然数，素数が全部そろっていないと，ゼータ関数がもつ美しさは失われてしまうのです．

7.3 ベルヌーイ数とはどんな数？

前節において，$s > 1$ のときにはゼータ関数 $\zeta(s)$ は収束することが確かめられました．そこで以降は，s を正の整数とした場合における $\zeta(s)$ の値を求めることにしたいと思います．そのために，この節ではゼータ関数の値を求めるに際して重要となる，ベルヌーイ数について説明をしておきます．この数は，正の偶数でのゼータ関数の値を求める際には要となる数ですが，それだけではなく，ほかの多くの場面においても適用されることがあり，数論においては重要な数と言えるものです．

ベルヌーイ数 B_m (Bernoulli numbers) は

$$\frac{z}{e^z - 1} = \sum_{m=0}^{\infty} \frac{B_m}{m!} z^m, \quad (|z| < 2\pi)$$

を母関数として，右辺のべき級数の z^m の係数として求められます．そこでこの式をもとに，$B_0, B_1, B_2, \cdots$ の値を実際に求めてみましょう．

e^z は既に見たように

$$e^z = 1 + z + \frac{1}{2!}z^2 + \frac{1}{3!}z^3 + \frac{1}{4!}z^4 + \frac{1}{5!}z^5 + \cdots$$

とテイラー展開されるのでした．よって母関数表示の式の両辺に $e^z - 1$ を乗じれば，以下の式が得られます．

$$z = \left(B_0 + B_1 z + \frac{B_2}{2!}z^2 + \frac{B_3}{3!}z^3 + \cdots\right)\left(z + \frac{1}{2!}z^2 + \frac{1}{3!}z^3 + \frac{1}{4!}z^4 + \cdots\right)$$

$$= B_0 z + \left(B_1 + \frac{1}{2!}B_0\right)z^2 + \left(\frac{1}{2!}B_2 + \frac{1}{2!}B_1 + \frac{1}{3!}B_0\right)z^3 + \cdots$$

ここで両辺の z のべき，すなわち z の係数，z^2 の係数，z^3 の係数，$\cdots$ を比較して，順に以下の式を得ます．

$$B_0 = 1$$
$$B_1 + \frac{1}{2!}B_0 = 0$$

$$\frac{1}{2!}B_2 + \frac{1}{2!}B_1 + \frac{1}{3!}B_0 = 0$$
$$\frac{1}{3!}B_3 + \frac{1}{2!}\frac{1}{2!}B_2 + \frac{1}{3!}B_1 + \frac{1}{4!}B_0 = 0$$
$$\frac{1}{4!}B_4 + \frac{1}{2!}\frac{1}{3!}B_3 + \frac{1}{2!}\frac{1}{3!}B_2 + \frac{1}{4!}B_1 + \frac{1}{5!}B_0 = 0$$

もちろん z^5 以降の係数についても，同じようにして式が立てられます．そしてこれらの式から，B_m の値が順に求められることになります．そのうちの B_0 から B_{10} までは，つぎのようになります．

$$B_0 = 1, \quad B_1 = -\frac{1}{2}, \quad B_2 = \frac{1}{6}, \quad B_3 = 0, \quad B_4 = -\frac{1}{30}, \quad B_5 = 0$$
$$B_6 = \frac{1}{42}, \quad B_7 = 0, \quad B_8 = -\frac{1}{30}, \quad B_9 = 0, \quad B_{10} = \frac{5}{66}, \quad \cdots\cdots$$

今の計算過程のなかでわかるのですが，ベルヌーイ数は有理数（分数を言いますが，整数も有理数に含まれます．）となります．また m が奇数の場合には，$B_1 = -\frac{1}{2}$ を除いて B_m は 0 となることがわかります．そして m が大きくなると，B_m の分母，分子の数字が次第に大きくなるという傾向にあります．例えば B_{20} と B_{30} を見てみると

$$B_{20} = -\frac{174611}{330}, \quad B_{30} = \frac{8615841276005}{14322}$$

となっています．

三角関数の $\sin z, \cos z$ のテイラー展開については，すでに第 2 章で述べたところです．ところで $\cot z$ および $\tan z$ の展開式は，実はベルヌーイ数を使って書き表されるのです．

$$\cot z = \sum_{m=0}^{\infty} \frac{(-1)^m 2^{2m} B_{2m}}{(2m)!} z^{2m-1}, \quad (|z| < \pi)$$
$$\tan z = \sum_{m=0}^{\infty} \frac{(-1)^{m-1} 2^{2m}(2^{2m}-1) B_{2m}}{(2m)!} z^{2m-1}, \quad (|z| < \frac{\pi}{2})$$

このうち初めの $\cot z$ の級数展開は，以下のとおり求められます．
$\sin z, \cos z$ は

7.3 ベルヌーイ数とはどんな数？

$$\sin z = \frac{e^{iz} - e^{-iz}}{2i}, \quad \cos z = \frac{e^{iz} + e^{-iz}}{2}$$

と表されます．この式に関しては，第4章を参考にしてください．すると，これを用いて $z \cot z$ は

$$z \cot z = z \frac{\cos z}{\sin z} = iz \frac{e^{iz} + e^{-iz}}{e^{iz} - e^{-iz}} = \frac{2iz}{e^{2iz} - 1} + iz$$

となります．他方で，ベルヌーイ数の母関数において z を $2iz$ とおくと

$$\frac{2iz}{e^{2iz} - 1} = \sum_{m=0}^{\infty} \frac{B_m}{m!} (2iz)^m$$

となります．これを上の $z \cot z$ の式の右辺に代入するのですが，$m=1$ の場合を別に計算すれば $B_1 = -\dfrac{1}{2}$ より iz の項が打消され

$$z \cot z = \sum_{m=0}^{\infty} \frac{B_m}{m!} (2iz)^m + iz = \sum_{m=0}^{\infty} \frac{(-1)^m B_{2m} 2^{2m}}{(2m)!} z^{2m}$$

となります．なお m が3以上の奇数のときには $B_m = 0$ であり，したがって最後の式では m が偶数のときの B_{2m} だけが残ることになるわけです．さらに両辺を z で除することにより，ベルヌーイ数を用いた $\cot z$ の級数展開が導かれることになります．

つぎに

$$\tan z = \cot z - 2 \cot 2z$$

ですから，$\cot z$ および $\cot 2z$ のベルヌーイ数を用いたときの式から，目指す $\tan z$ の級数展開が得られます．

ベルヌーイ数は，スイス生まれのヤコブ・ベルヌーイ（Jakob Bernoulli）によるものです．

ところで二人の人物，ベルヌーイと和算家の関孝和が活躍したのは，ほぼ同じ時期である17世紀の後半から18世紀のはじめの頃でした．このベルヌーイ数について世に文献が出されたのは，実はベルヌーイより関によるほうが少し早かったのでしたが，当時（江戸時代）においては関の業績がヨー

ロッパに届くことはなかったようでした．このような事情の下，関・ベルヌーイ数と呼ばれることもあるのですが，文献においてはベルヌーイ数として使用される場合が多いというのが実情です．

二人によるベルヌーイ数のいずれの場合も，自然数のべき乗の有限の和の値を求めるために見い出されたものです．これについては，第9章で改めてふれることにします．

7.4 ゼータ関数の値はベルヌーイ数で与えられる

この節においては，ゼータ関数の値を表す式について説明をします．

ゼータ関数の正の偶数 $2m$ での値は

$$\zeta(2m) = \frac{(-1)^{m-1}(2\pi)^{2m}B_{2m}}{2(2m)!}, \quad (m=1,2,3,\cdots)$$

によって与えられます．ベルヌーイ数 B_{2m} を用いたこの式は，オイラーによって導入されたものです．

そこで以下において，式を導いてみましょう．

ここからは再び $\sin z$ の無限積表示

$$\sin z = z \prod_{n=1}^{\infty}\left(1 - \frac{z^2}{n^2\pi^2}\right)$$

をもとにして話を進めることにします．この無限積の対数をとると，右辺の第2項 $\log \prod_{n=1}^{\infty}\left(1 - \frac{z^2}{n^2\pi^2}\right)$ は和の形で表され

$$\log(\sin z) = \log z + \sum_{n=1}^{\infty} \log\left(1 - \frac{z^2}{n^2\pi^2}\right)$$

となります．そして両辺を z で微分すれば，$\cot z$ を部分分数に分割する式

$$\cot z = \frac{1}{z} + \sum_{n=1}^{\infty} \frac{2z}{z^2 - n^2\pi^2}$$

が得られるのです．この式は基本となるもので，以降のさまざまな場面にお

いて用いられることになります．

つぎに上の $\cot z$ を部分分数に分割する式の両辺に z を乗じたうえで，式の変形を進めていきます．

$$z\cot z = 1 - 2\sum_{n=1}^{\infty}\frac{z^2}{n^2\pi^2 - z^2} = 1 - 2\sum_{n=1}^{\infty}\frac{\left(\dfrac{z}{n\pi}\right)^2}{1-\left(\dfrac{z}{n\pi}\right)^2}$$

$$= 1 - 2\sum_{n=1}^{\infty}\sum_{m=1}^{\infty}\left(\frac{z}{n\pi}\right)^{2m} = 1 - 2\sum_{m=1}^{\infty}\left(\sum_{n=1}^{\infty}\frac{1}{n^{2m}}\right)\left(\frac{z}{\pi}\right)^{2m}$$

$$= 1 - 2\sum_{m=1}^{\infty}\frac{\zeta(2m)}{\pi^{2m}}z^{2m}, \quad (|z|<\pi)$$

ところで前の節において，$\cot z$ はベルヌーイ数を用いて級数展開されることを見てきました．そこでこの級数展開に z を乗じ，和について $m=1$ からとれば，つぎのように書き換えられます．

$$z\cot z = 1 + \sum_{m=1}^{\infty}\frac{(-1)^m B_{2m} 2^{2m}}{(2m)!}z^{2m}$$

以上のとおり，$z\cot z$ を z のべき級数で表したときの二つの式が得られました．この二つの式の z^{2m} の係数は等しいので

$$-2\frac{\zeta(2m)}{\pi^{2m}} = \frac{(-1)^m B_{2m} 2^{2m}}{(2m)!}$$

となります．そこで式を整理すれば，最初に挙げた式，すなわちベルヌーイ数 B_{2m} によってゼータ関数の値を表す式が導かれるのです．

B_{2m} は有理数であり，そのため $\zeta(2m)$ の値は「有理数 $\times \pi^{2m}$」の形で表されることがわかります．すなわち $\zeta(2m)$ の値は，円周率による π^{2m} を用いて書かれることになります．

ここで，今得られた式を用いたときの例を挙げておきます．
$m=1$ のとき $B_2 = \dfrac{1}{6}$ なので，$\zeta(2)$ は以下のようになります．

$$\zeta(2) = \frac{(-1)^0 \cdot (2\pi)^2}{2\cdot 2!}\cdot\frac{1}{6} = \frac{\pi^2}{6}$$

$$= 1.64493406684822643\cdots$$

そして同じようにして

$$\zeta(4) = \frac{\pi^4}{90}, \quad \zeta(6) = \frac{\pi^6}{945}, \quad \zeta(8) = \frac{\pi^8}{9450}, \quad \zeta(10) = \frac{\pi^{10}}{93555}$$

などの値が得られることになります．

ところで正の奇数に対してゼータ関数の値を与える式は，今のところは見つかっていません．もちろん値が円周率 π で表されるのかについても，判ってはいないのです．このなかで $\zeta(3)$ は無理数となるのですが，これについては 1978 年になってアペリ（Apery）によって示されています．

1707 年にスイスのバーゼルで生まれたオイラーは，まさに歴史上に残る天才的な人物でした．最初は父の影響で神学を学んだものの，間もなく興味のある数学の世界へ入っていったのです．

オイラーは 1783 年に 76 年の生涯を終えるまでの間，スイス，ロシア（サンクト・ペテルブルク），ドイツ（ベルリン）で研究を続け，この間につぎつぎと成果を挙げることになったのです．その成果は，数論をはじめとして，無限級数，微分法，積分法，幾何，対数などの多彩な分野におよんでいます．

またオイラーは数学だけでなく，天文学，力学，音響学，光学など自然科学の幅広い分野において研究を重ねたのですが，それらは，後の科学の発展に大きな影響を与えることになりました．このようにオイラーは膨大な量におよぶ数々の結果を残しており，これらの業績は全集としてまとめられています．

7.5　二つの交代級数の場合

正の偶数に対するゼータ関数の値 $\zeta(2m)$ は，ベルヌーイ数 B_{2m} および円周率 π^{2m} で表されることをこれまでに見てきました．これに対して，奇数べきの逆数からなる交代級数，例えば

$$\nu(3) = 1 - \frac{1}{3^3} + \frac{1}{5^3} - \frac{1}{7^3} + \frac{1}{9^3} - \frac{1}{11^3} + \cdots = \frac{\pi^3}{32}$$

の値も，やはり円周率 π により書き表されます．そしてこのときの値は，ベルヌーイ数 B_{2m} に代わって，こんどはオイラー数 E_{2m} を用いて求められるのです．ν はギリシア文字で，ニューと読みます．

そこでベルヌーイ数のときと同様，まずはこのオイラー数について述べておきましょう．

オイラー数 E_m (Euler numbers) は

$$\frac{2e^z}{e^{2z}+1} = \sum_{m=0}^{\infty} \frac{E^m}{m!} z^m, \quad (|z| < \frac{\pi}{2})$$

を母関数として，z^m の係数として求められます．そこで e^z のテイラー展開を用いて上の式を展開式の形に書き換え，両辺の各 z のべきの係数を比較することによって，オイラー数 E_m が順に求められます．この方法は，ベルヌーイ数 B_m を求める際に用いたのと同じものです．

このようにして得られた E_m について，順に書けば以下のようになります．

$$E_0 = 1, \quad E_1 = 0, \quad E_2 = -1, \quad E_3 = 0, \quad E_4 = 5, \quad E_5 = 0,$$
$$E_6 = -61, \quad E_7 = 0, \quad E_8 = 1385, \quad E_9 = 0, \quad E_{10} = -50521, \quad \cdots$$

ベルヌーイ数 B_m は有理数であったのですが，オイラー数 E_m は上で見られるように整数となります．そして m が大きくなると，整数の桁数が大きくなることが知られています．例えば

$$E_{12} = 2702765, \quad E_{14} = -199360981, \quad \cdots$$

などと続きます．なお E_m は m が奇数のときには $E_m = 0$ となるのですが，これについては B_m の場合とほぼ同じと言えます．

つぎに，分母が奇数で，奇数べきによる交代級数

$$\nu(2m+1) = 1 - \frac{1}{3^{2m+1}} + \frac{1}{5^{2m+1}} - \frac{1}{7^{2m+1}} + \frac{1}{9^{2m+1}} - \cdots$$

の値は，オイラー数 E_{2m} を用いて

$$\nu(2m+1) = \frac{(-1)^m \pi^{2m+1} E_{2m}}{2^{2m+2}(2m)!}, \quad (m = 0, 1, 2, \cdots)$$

と表されます．したがって無限級数 $\nu(2m+1)$ の値は，円周率 π^{2m+1} で表されることになります．詳しいことを述べることはできませんが，この $\nu(2m+1)$ の値も $\zeta(2m)$ の場合と似たような方法により導かれます．ただし $\zeta(2m)$ が $\cot z$ を部分分数に分割する式を用いるのに対し，$\nu(2m+1)$ については $\dfrac{1}{\sin z}$ を部分分数に分割する式

$$\frac{1}{\sin z} = \frac{1}{z} + 2z \sum_{m=1}^{\infty} \frac{(-1)^m}{z^2 - m^2 \pi^2}$$

または $\dfrac{1}{\cos z}$ を部分分数に分割する式を用いることにより導かれます．

例えば $m=2$ のときの E_{2m} は $E_4 = 5$ となるので，$\nu(2m+1)$ の値，すなわち $\nu(5)$ はつぎのようになります．

$$\nu(5) = 1 - \frac{1}{3^5} + \frac{1}{5^5} - \frac{1}{7^5} + \frac{1}{9^5} - \cdots = \frac{(-1)^2 \pi^5}{2^6 \cdot 4!} \cdot 5 = \frac{5\pi^5}{1536}$$

また $m=0$ のときには $\nu(1)$ が得られるのですが，これは前に述べたライプニッツの級数です．

奇数べきの交代級数 $\nu(2m+1)$ については一般的な式が存在するため，これで値がすぐに得られるということがわかりました．しかし先述のとおり，奇数べきの正項級数であるゼータ関数 $\zeta(2m+1)$ の値については，課題として残されたままになっています．正項級数のほうが攻めやすいと思われるのですが，実はそうではないのです．やはり $\zeta(2m+1)$ には，何か魅力的な秘密がしっかりと隠されているのかもしれませんね．

ゼータ関数の正の偶数での値は，ベルヌーイ数 B_{2m} により表されました．また上述のように奇数べきの逆数からなる交代級数の値は，オイラー数 E_{2m} を用いて表されるのでした．これに対して偶数べきの逆数からなる交代級

数の値は，以下で説明するように，もうひとつの数 T_{2m} により表されるのです．

偶数べきの逆数による交代級数 $\mu(2m)$ を，以下のように定めることにします．

$$\mu(2m) = 1 - \frac{1}{2^{2m}} + \frac{1}{3^{2m}} - \frac{1}{4^{2m}} + \frac{1}{5^{2m}} - \frac{1}{6^{2m}} + \cdots$$

μ はギリシア文字で，ミューと読みます．このとき $\mu(2m)$ の値は，もうひとつの数 T_{2m} を用いて

$$\mu(2m) = \frac{(-1)^m \pi^{2m} T_{2m}}{2(2m+1)!}, \quad (m = 1, 2, 3, \cdots)$$

で与えられます．したがってこの級数の値も，やはり円周率のべき π^{2m} を用いて表されることになります．ここで，もうひとつの数 T_m は

$$\frac{2ze^z}{e^{2z} - 1} = \sum_{m=0}^{\infty} \frac{T_m}{(m+1)!} z^m, \quad (|z| < \pi)$$

を母関数とし z^m の係数として求められます．この場合においても，ベルヌーイ数またはオイラー数の場合と同じような手法，すなわち T_m の母関数を展開する式の，両辺の z のべきの係数を比較することによって，それぞれの T_m の値が求められます．それらの初めのいくつかは，以下のようになっています．

$$T_0 = 1, \quad T_1 = 0, \quad T_2 = -1, \quad T_3 = 0, \quad T_4 = \frac{7}{3}, \quad T_5 = 0,$$
$$T_6 = -\frac{31}{3}, \quad T_7 = 0, \quad T_8 = \frac{381}{5}, \quad T_9 = 0, \quad T_{10} = -\frac{2555}{3}, \quad \cdots$$

上の $\mu(2m)$ についての式を導く過程などについて，詳しいことはここでは述べませんが，やはり $\dfrac{1}{\sin z}$ を部分分数に分割する式を用いることにより導かれます．

今の式を用いた無限級数 $\mu(2m)$ の例を挙げておきましょう．$m = 1$ の場合では $T_2 = -1$ ですから

$$\mu(2) = 1 - \frac{1}{2^2} + \frac{1}{3^2} - \frac{1}{4^2} + \frac{1}{5^2} - \cdots = \frac{(-1)^1 \pi^2}{2 \cdot 3!} \cdot (-1) = \frac{\pi^2}{12}$$

となります．また $T_4 = \dfrac{7}{3}$, $T_6 = -\dfrac{31}{3}$ を用いて

$$\mu(4) = \frac{7\pi^4}{720}, \quad \mu(6) = \frac{31\pi^6}{30240}$$

のそれぞれの値が得られます．

なお二つの数，ベルヌーイ数 B_{2m} と，もうひとつの数 T_{2m} との間には

$$T_{2m} = -(2m+1)(2^{2m}-2)B_{2m}$$

という関係が成り立ちます．

以上のとおり私たちは，ゼータ関数またはべきの逆数による交代級数の値を得るために必要となる三つの数，すなわちベルヌーイ数 B_{2m}，オイラー数 E_{2m}，そして，もうひとつの数 T_{2m} を手に入れたことになるのです．そこでこれらの三つの数の関係について，ここで述べておきましょう．

既に述べたようにこれらの数にはそれぞれの定義の式があり，それをもとにして各級数の値が得られるのでした．したがって一見したところでは三つの数は独立していて，互いに関係があるようには思われないかもしれません．

ところで実際には，どうなのでしょうか．

実はこのとき，三つの数はつぎのようなひとつのまとまった式により，綺麗な形で書き表されてしまうのです．

$$\left(B_0 + \frac{2^2 B_2}{2!} + \frac{2^4 B_4}{4!} + \frac{2^6 B_6}{6!} + \cdots\right)\left(E_0 + \frac{E_2}{2!} + \frac{E_4}{4!} + \frac{E_6}{6!} + \cdots\right)$$
$$= T_0 + \frac{T_2}{3!} + \frac{T_4}{5!} + \frac{T_6}{7!} + \cdots$$

このように三つの数が，ひとつの式で書き表されるということは意外と思われるかもしれません．しかも，B_{2m} についての級数と E_{2m} についての級数の積をとれば，それがちょうど T_{2m} についての級数になるのです．三つの数の間にこのような関係が潜んでいるということはすぐには思いつかないことであり，なかなか興味深いように思われます．

ただ残念なことに，ここでも奇数べきのゼータ関数に関する情報はまったく見られないのです．

第8章
フーリエ級数とゼータ関数

8.1 フーリエ級数とは

すべての実数 x に対して

$$f(x+2\pi) = f(x)$$

で表される，周期 2π の周期関数 $f(x)$ について考えることにします．この関数が描く曲線は，周期である 2π ごとに同じ図形を繰り返し，例えば波形によって書き表されることになります．

ところで余弦関数 $\cos x$ および正弦関数 $\sin x$ は，いずれも周期 2π の周期関数です．また関数 $\cos 2x, \sin 2x, \cos 3x, \sin 3x, \cdots\cdots$ も，いずれも 2π ごとに同じ曲線を繰り返し描くということが確かめられます．したがって各項に係数を乗じ，これらを用いて表される三角関数による級数展開

$$\frac{a_0}{2} + (a_1 \cos x + b_1 \sin x) + (a_2 \cos 2x + b_2 \sin 2x) + \cdots$$
$$+ (a_n \cos nx + b_n \sin nx) + \cdots$$

が収束するときには，この級数は周期が 2π の周期関数となることがわかります．この関数をフーリエ級数（Fourier series），またはフーリエ展開（Fourier expansion）と呼んでいるのです．またここでの係数 $a_0, a_1, a_2, \cdots$ および $b_1, b_2, \cdots$ は，フーリエ係数と言われるものです．

上の式は $\frac{a_0}{2}$ と，$a_n \cos nx + b_n \sin nx$ について $n = 1, 2, 3, \cdots$ の場合の和をとったものですから，座標平面上で言えば，直線 $y = \frac{a_0}{2}$ に波状の曲線

$$y = a_1 \cos x + b_1 \sin x, \quad y = a_2 \cos 2x + b_2 \sin 2x, \quad \cdots\cdots$$

を足し合わせていったときの図形，ということになります．

そこで問題は上で述べた周期関数 $f(x)$ と，フーリエ級数との関係についてということになります．

フーリエ級数について歴史的な面から少し見てみましょう．
フーリエ級数は，フランスのフーリエ（Fourier）によるもので，その熱伝導についての研究のなかで導かれたものです．
フーリエは 1797 年にそれまでの研究をもとにして，周期 2π の周期関数 $f(x)$ はフーリエ級数に展開できる，すなわち正弦関数 $\sin nx$ と余弦関数 $\cos nx$ の和の形で表される，という結論に達したのでした．ただしこのときには，彼はその証明にはおよばなかったのです．
フーリエの主張が正しいとすればこのことは不思議なことであり，にわかには理解が難しいようにも思われます．実際のところフーリエ級数について説明がなされたのは，その後 30 年以上経た 1829 年のディリクレ（Dirichlet）による研究を待たなければなりませんでした．詳しいことについてここで述べることはできませんが，このときディリクレは級数の部分和をディリクレ核による積分で表し，そのうえで級数の収束性について詳しく考察したのでした．
見かけ上は複雑な形をした波形を複数の簡単な波に分けて，それらを組み合わせて表現するという数学的な手法によるフーリエ級数の研究は，その後のさまざまな分野での応用と発展に寄与することにもなったのでした．今日においては，フーリエ級数およびフーリエ変換は，例えばディジタル信号処理，画像解析などの科学技術の分野で応用され，使われているのです．

本論に戻ります．
フーリエ級数が成り立つための条件とは，簡単に言えば優れた性質を持った周期関数ということになります．
これは，関数 $f(x)$ およびその導関数 $f'(x)$ が，ともに定められた区間において区分的に連続であること，すなわち区分的に滑らかであると言うことになります．ここで，関数 $f(x)$ が定められた区間において連続であるか，または不連続な点があれば有限個で，関数の値が有限であるとき，その関数

はこの区間で区分的に連続であるといいます．

以上をまとめれば，上で述べた条件を満たす周期 2π の周期関数 $f(x)$ は，係数 $a_0, a_1, a_2, \cdots, b_1, b_2, \cdots$ をうまく決めてやることによってフーリエ級数に展開できる，すなわち，つぎのように三角関数の和の形である無限級数で表すことができるということになります．

$$f(x) = \frac{a_0}{2} + (a_1 \cos x + b_1 \sin x) + (a_2 \cos 2x + b_2 \sin 2x) + \cdots$$
$$+ (a_n \cos nx + b_n \sin nx) + \cdots$$

このとき係数 $a_0, a_1, a_2, \cdots$ および $b_1, b_2, b_3, \cdots$ は，一意的に定められます．

8.2 フーリエ級数についてのまとめ

ゼータ関数や交代級数のなかには，フーリエ級数の考えを応用できるものがあり，これにより値が容易に求められることがあります．そこでこれらの実際の例について見ていきたいのですが，それに先立ち，予めフーリエ級数についての要点を使いやすい形にしてまとめておきたいと思います．

周期が 2π の関数 $f(x)$ が，区間 $[-\pi, \pi]$ において区部的に連続かつ区分的に滑らかであり，さらに $f(-\pi) = f(\pi)$ を満たせば，$f(x)$ は

$$f(x) = \frac{a_0}{2} + \sum_{n=1}^{\infty}(a_n \cos nx + b_n \sin nx)$$

とフーリエ展開されます．このときのフーリエ係数 a_0，a_n および b_n は，

$$a_0 = \frac{1}{\pi}\int_{-\pi}^{\pi} f(x) dx$$
$$a_n = \frac{1}{\pi}\int_{-\pi}^{\pi} f(x) \cos nx dx, \quad (n = 1, 2, 3, \cdots)$$
$$b_n = \frac{1}{\pi}\int_{-\pi}^{\pi} f(x) \sin nx dx, \quad (n = 1, 2, 3, \cdots)$$

により求められます．

ただし $f(x)$ が区分的に滑らかであれば，不連続である点においては

$$\frac{1}{2}\{f(x-0)+f(x+0)\}$$

に収束するということになります．すなわちフーリエ級数は，$f(x)$ の点 x における左極限 $f(x-0)$ と右極限 $f(x+0)$ の平均値に収束するということになります．

　フーリエ係数 a_0, a_n および b_n を，ここで求めてみることにします．
　フーリエ展開の式の両辺に $\cos mx$（$m=1,2,3,\cdots$）を乗じてから，$-\pi$ から π まで積分をすると

$$\int_{-\pi}^{\pi} f(x)\cos mx dx = \frac{a_0}{2}\int_{-\pi}^{\pi}\cos mx dx \\ + \int_{-\pi}^{\pi}\sum_{n=1}^{\infty}(a_n\cos nx + b_n\sin nx)\cos mx dx$$

となります．和と積分の順序を交換すれば（厳密には，収束性についての議論が必要になります），上の式は

$$\int_{-\pi}^{\pi} f(x)\cos mx dx = \frac{a_0}{2}\int_{-\pi}^{\pi}\cos mx dx \\ + \sum_{n=1}^{\infty}\left(a_n\int_{-\pi}^{\pi}\cos nx\cos mx dx + b_n\int_{-\pi}^{\pi}\sin nx\cos mx dx\right)$$

と書き換えられることになります．

　そこでこの右辺の積分について，計算を進めることになります．実はこの場合，第 2 項の和の前半の積分項について $m=n$ の場合の

$$a_n\int_{-\pi}^{\pi}\cos nx\cos mx dx = a_n\int_{-\pi}^{\pi}\cos^2 nx dx = a_n\pi$$

だけが残り，すなわち残りの項は 0 となるのですが，よって式は

$$\int_{-\pi}^{\pi} f(x)\cos nx dx = a_n\pi$$

となって

$$a_n = \frac{1}{\pi} \int_{-\pi}^{\pi} f(x) \cos nx dx$$

が得られることがわかります．なお，ここでは

$$\int_{-\pi}^{\pi} \cos mx dx = 0, \qquad \int_{-\pi}^{\pi} \sin mx dx = 0$$

および

$$\int_{-\pi}^{\pi} \sin nx \cos mx dx = 0$$

$$\int_{-\pi}^{\pi} \cos nx \cos mx dx = 0, \quad (m \neq n)$$

$$\int_{-\pi}^{\pi} \sin nx \sin mx dx = 0, \quad (m \neq n)$$

$$\int_{-\pi}^{\pi} \cos^2 mx dx = \pi, \qquad \int_{-\pi}^{\pi} \sin^2 mx dx = \pi$$

などの式が成り立つことを適用しています．また，これらの後半の式については，三角関数の積を和・差に直す公式

$$\cos a \sin b = \frac{1}{2}\{\sin(a+b) - \sin(a-b)\}$$
$$\cos a \cos b = \frac{1}{2}\{\cos(a+b) + \cos(a-b)\}$$
$$\sin a \sin b = -\frac{1}{2}\{\cos(a+b) - \cos(a-b)\}$$

などを適用することにより得られます．

また同じようにしてフーリエ展開の式の両辺に $\sin mx$ を乗じ，$-\pi$ から π まで積分をすると，b_n に関して

$$b_n = \frac{1}{\pi} \int_{-\pi}^{\pi} f(x) \sin nx dx$$

が得られます．

なお a_0 については，フーリエ展開の式を $-\pi$ から π まで積分すれば

$$\int_{-\pi}^{\pi} f(x) dx = \frac{a_0}{2} \int_{-\pi}^{\pi} dx + \int_{-\pi}^{\pi} \sum_{n=1}^{\infty} (a_n \cos nx + b_n \sin nx) dx$$

となるのですが，この右辺は

$$= \pi a_0 + \sum_{n=1}^{\infty} \left(a_n \int_{-\pi}^{\pi} \cos nx dx + b_n \int_{-\pi}^{\pi} \sin nx dx \right) = \pi a_0$$

となり

$$a_0 = \frac{1}{\pi} \int_{-\pi}^{\pi} f(x) dx$$

が得られることになります．ただし，ここでも和と積分の順序を交換しています．

8.3 フーリエ級数とゼータ関数

以降においてはフーリエ級数を用いて，ゼータ関数などの値を実際に求めることにしたいと思います．

その前に少し補足説明をしておきます．

一般的に，関数 $g(x)$ が $g(-x) = g(x)$ であるとき $g(x)$ は偶関数であると言い，このとき

$$\int_{-\pi}^{\pi} g(x) dx = 2 \int_{0}^{\pi} g(x) dx$$

となります．また $g(-x) = -g(x)$ であるとき $g(x)$ は奇関数であると言い，このとき

$$\int_{-\pi}^{\pi} g(x) dx = 0$$

となります．以下においてはこれらの結果を適用しています．

$f(x)$ を周期 2π の周期関数とし，$-\pi < x \leq \pi$ においては

$$f(x) = x^2$$

であるものとします．

そこで，$f(x)$ ををフーリエ展開するところから始めることにします．そのために，まずフーリエ係数 a_n, b_n および a_0 を求めます．

前に述べた b_n についての式において $f(x) = x^2$ とおけば

$$b_n = \frac{1}{\pi}\int_{-\pi}^{\pi} x^2 \sin nx\, dx$$

となります．ここで x^2 は偶関数で，また $\sin nx$ は奇関数であり，したがって $x^2 \sin nx$ は奇関数であることから，$-\pi$ から π まで積分すれば値は 0 になります．すまわち

$$b_n = 0$$

となります．

つぎに $a_n, (n \neq 0)$ については

$$\begin{aligned}
a_n &= \frac{1}{\pi}\int_{-\pi}^{\pi} x^2 \cos nx\, dx \\
&= \frac{1}{\pi}\left\{ \left[\frac{1}{n}x^2 \sin nx\right]_{-\pi}^{\pi} - \frac{2}{n}\int_{-\pi}^{\pi} x \sin nx\, dx \right\} \\
&= -\frac{2}{n\pi}\left\{ \left[-\frac{1}{n}x \cos nx\right]_{-\pi}^{\pi} + \frac{1}{n}\int_{-\pi}^{\pi} \cos nx\, dx \right\} \\
&= \frac{2}{n^2\pi}\cdot 2\pi \cos n\pi = \frac{4}{n^2}(-1)^n
\end{aligned}$$

となります．また a_0 は

$$a_0 = \frac{1}{\pi}\int_{-\pi}^{\pi} x^2\, dx = \frac{2\pi^2}{3}$$

です．

以上により $f(x)$ のフーリエ級数は

$$\begin{aligned}
f(x) &= \frac{a_0}{2} + \sum_{n=1}^{\infty}(a_n \cos nx + b_n \sin nx) \\
&= \frac{\pi^2}{3} + \sum_{n=1}^{\infty}\frac{4}{n^2}(-1)^n \cos nx
\end{aligned}$$

となることがわかります．そして $f(x) = x^2$ でしたから

$$x^2 = \frac{\pi^2}{3} + 4\sum_{n=1}^{\infty}\frac{(-1)^n}{n^2}\cos nx$$

が得られることになります．

ここで $x = \pi$ とおいて式を整理すれば

$$1 + \frac{1}{2^2} + \frac{1}{3^2} + \frac{1}{4^2} + \frac{1}{5^2} + \frac{1}{6^2} + \cdots = \frac{\pi^2}{6}$$

となります．これによりゼータ関数 $\zeta(2)$ の値が求められます．また $x = 0$ とおくと

$$1 - \frac{1}{2^2} + \frac{1}{3^2} - \frac{1}{4^2} + \frac{1}{5^2} - \frac{1}{6^2} + \cdots = \frac{\pi^2}{12}$$

となり，これにより交代級数 $\mu(2)$ の値が求められます．

なお $x = \dfrac{\pi}{2}$ とおいた場合においても，同じ結果が得られます．

こんどは周期 2π の周期関数 $f(x)$ について

$$f(x) = |x|, \quad (-\pi < x \leq \pi)$$

とします．

前と同じように，b_n, a_n および a_0 を求めるところから始めます．

まず b_n について

$$b_n = \frac{1}{\pi} \int_{-\pi}^{\pi} |x| \sin nx \, dx = 0$$

となります．（$|x|$ は偶関数，$\sin nx$ は奇関数なので $|x|\sin nx$ は奇関数となり，したがって積分は 0 となります．）

$a_n, (n \neq 0)$ については

$$\begin{aligned}
a_n &= \frac{1}{\pi} \int_{-\pi}^{\pi} |x| \cos nx \, dx = \frac{2}{\pi} \int_{0}^{\pi} x \cos nx \, dx \\
&= \frac{2}{\pi} \left\{ \left[\frac{1}{n} x \sin nx \right]_0^{\pi} - \frac{1}{n} \int_0^{\pi} \sin nx \, dx \right\} \\
&= \frac{2}{n\pi} \left[\frac{1}{n} \cos nx \right]_0^{\pi} = \frac{2}{n^2 \pi} (\cos n\pi - 1) \\
&= \begin{cases} -\dfrac{4}{n^2 \pi}, & (n = 2k-1) \\ 0, & (n = 2k), \end{cases} \quad (k = 1, 2, \cdots)
\end{aligned}$$

となり，また a_0 は

$$a_0 = \frac{1}{\pi}\int_{-\pi}^{\pi} |x| \, dx = \frac{2}{\pi}\int_0^{\pi} x dx = \pi$$

となります．したがってフーリエ級数

$$f(x) = \frac{a_0}{2} + \sum_{n=1}^{\infty}(a_n \cos nx + b_n \sin nx)$$

$$= \frac{\pi}{2} - \frac{4}{\pi}\sum_{n=1}^{\infty}\frac{\cos((2n-1)x)}{(2n-1)^2}$$

が得られることになります．

いま $f(x) = |x|$ としたので，これまでの結果から

$$|x| = \frac{\pi}{2} - \frac{4}{\pi}\sum_{n=1}^{\infty}\frac{\cos((2n-1)x)}{(2n-1)^2}$$

となることがわかります．ここで $x=0$ とおくと級数

$$1 + \frac{1}{3^2} + \frac{1}{5^2} + \frac{1}{7^2} + \frac{1}{9^2} + \frac{1}{11^2} + \cdots = \frac{\pi^2}{8}$$

が得られます．なお $x = \pi$ とおいた場合でも結果は同じです．

周期 2π の周期関数 $f(x)$ について

$$f(x) = x, \quad (-\pi < x \leq \pi)$$

とすれば，つぎのようになります．

関数 x は奇関数であり，$\cos nx$ は偶関数なので，その積 $x\cos nx$ は奇関数となります．したがって

$$a_n = \frac{1}{\pi}\int_{-\pi}^{\pi} x\cos nx dx = 0$$

となります．

b_n については

$$b_n = \frac{1}{\pi} \int_{-\pi}^{\pi} x \sin nx\, dx$$
$$= \frac{1}{\pi} \left\{ \left[-\frac{1}{n} x \cos nx \right]_{-\pi}^{\pi} + \frac{1}{n} \int_{-\pi}^{\pi} \cos nx\, dx \right\}$$
$$= -\frac{2}{n} \cdot \cos n\pi = \frac{2}{n}(-1)^{n+1}$$

となります.また

$$a_0 = \frac{1}{\pi} \int_{-\pi}^{\pi} x\, dx = 0$$

です.よって

$$f(x) = \frac{a_0}{2} + \sum_{n=1}^{\infty} (a_n \cos nx + b_n \sin nx)$$
$$= \sum_{n=1}^{\infty} \frac{2}{n}(-1)^{n+1} \sin nx$$

となることがわかります.以上によりフーリエ級数

$$x = 2\left(\sin x - \frac{1}{2} \sin 2x + \frac{1}{3} \sin 3x - \frac{1}{4} \sin 4x + \frac{1}{5} \sin 5x - \cdots \right)$$

が得られることになります.

この場合,$x = \frac{\pi}{2}$ とおくと

$$\frac{\pi}{4} = 1 - \frac{1}{3} + \frac{1}{5} - \frac{1}{7} + \frac{1}{9} - \frac{1}{11} + \cdots$$

となり,ライプニッツの級数が示されるのです.

　なお得られたフーリエ級数に $x = \pi$ をそのまま代入することはできません.与えられた関数 $f(x)$ は $x = \pi$ においては不連続であり,このときは

$$\frac{1}{2}\{f(\pi - 0) + f(\pi + 0)\} = 0$$

に収束することになるのです.

第9章
オイラーの定数 γ をめぐって

9.1 オイラーの定数 γ とは，いったいどんな数？

円周率 π およびネイピアの数 e のほかに，よく用いられ，また大切な数のなかにオイラーの定数 γ があります．本章ではこの定数について，さまざまな観点から考察をすすめていくことにします．

言うまでもないのですが π, e, そして γ の三つの数こそが，本書のタイトルにもなっています．実際のところ π と e の関係を調べるなかで，γ が登場する場面がしばしばあるのです．これについては，後の章でふれることになります．

γ はギリシア文字の小文字で，ガンマと読みます．これに対して，次章でのテーマであるガンマ関数 $\Gamma(x)$ を表すときの文字 Γ は，同じギリシア文字の大文字ということになります．

既に見てきたように，調和級数

$$1 + \frac{1}{2} + \frac{1}{3} + \frac{1}{4} + \cdots + \frac{1}{n} + \cdots$$

は発散するのでした．ただし，このときの様子はかなりゆるやかなものです．例えば最初の項から第 100 項まで足し合わせたときの和は $5.187\cdots$ であり，また第 10000 項までの和でも $9.787\cdots$ に過ぎないのです．他方で極限

$$\lim_{n \to \infty} \log n$$

も発散するのですが，この場合もまた，ゆるやかであると言えるのです．例えば $\log 100 = 4.605\cdots$ ですし，また $\log 10000 = 9.210\cdots$ となるに過ぎません．ゆるやかに発散するという点については，二つの数がつくる数列に

はかなり似たところがあると言えるのです．

ところで，調和級数の $\frac{1}{n}$ までの部分和と $\log n$ の差

$$a_n = 1 + \frac{1}{2} + \frac{1}{3} + \cdots + \frac{1}{n} - \log n$$

を項とする数列について，$n \to \infty$ とした場合の極限 $\lim_{n\to\infty} a_n$ がどのように表されるのかについては興味のあるところです．実はこれについては，既にオイラーによって結論が得られているのです．すなわちこのときの数列は収束するのであり，その極限値をオイラーの定数 γ（Euler's constant）と呼んでいるのです．式ではつぎのようになります．

$$\gamma = \lim_{n\to\infty}\left(1 + \frac{1}{2} + \frac{1}{3} + \cdots + \frac{1}{n} - \log n\right)$$

したがって，これがオイラーの定数を定義する式ということになります．

ここで数列 $\{a_n\}$ のいくつかの項について計算してみましょう．すると

$$a_3 = 0.7347210\cdots$$
$$a_{10} = 0.6263831\cdots$$
$$a_{100} = 0.5822073\cdots$$
$$a_{1000} = 0.5777155\cdots$$
$$a_{1000000} = 0.5772161\cdots$$

となります．そして $n \to \infty$ としたときの a_n の極限値，すなわちオイラーの定数 γ について 20 桁までを書けば

$$\gamma = 0.57721566490153286060\cdots$$

となるのです．

上の例によれば，数列 $\{a_n\}$ の収束する様子はとてもスローであることがわかります．例えば $a_{1000000}$，すなわち第 1000000 番目の項でも，γ に対して小数点以下僅か 5 桁までしか正しく表示されていないのです．

このオイラーの定数 γ についてですが，π や e とは状況が異なり，無理数

9.1 オイラーの定数 γ とは，いったいどんな数？

なのかどうかも含めて詳しいことについてはまだわかってはいません．

このように数列の極限 $\lim_{n\to\infty} a_n$ が存在するということは，以下のようにして示されます．

最初に不等式

$$\frac{1}{2} + \frac{1}{3} + \frac{1}{4} + \cdots + \frac{1}{n} < \log n < 1 + \frac{1}{2} + \frac{1}{3} + \cdots + \frac{1}{n-1} \quad (*)$$

が成り立つことを確かめます．

関数 $f(x) = \dfrac{1}{x}$ は $x > 0$ においては単調減少関数ですから，曲線 $f(x) = \dfrac{1}{x}$ と二つの直線 $x = k$ および $x = k+1, (k = 1, 2, 3, \cdots)$ と横軸とで囲まれた図形の面積は $\dfrac{1}{k+1}$ より大きく $\dfrac{1}{k}$ より小さくなります．したがって積分

$$\frac{1}{k+1} < \int_k^{k+1} \frac{1}{x} dx < \frac{1}{k}$$

が成り立つことになります．よって $k = 1, 2, \cdots, n-1$ についての和をとれば

$$\frac{1}{2} + \frac{1}{3} + \cdots + \frac{1}{n} < \sum_{k=1}^{n-1} \int_k^{k+1} \frac{1}{x} dx < 1 + \frac{1}{2} + \cdots + \frac{1}{n-1}$$

となります．ここで中央の式について

$$\sum_{k=1}^{n-1} \int_k^{k+1} \frac{1}{x} dx = \int_1^n \frac{1}{x} dx = \Big[\log x\Big]_1^n = \log n$$

です．以上により，上の不等式 $(*)$ の成り立つことが示されました．

さらに，この式 $(*)$ の左の不等式において $1 - \log n$ を足せば

$$1 + \frac{1}{2} + \frac{1}{3} + \cdots + \frac{1}{n} - \log n < 1$$

となり，また右の不等式において $\dfrac{1}{n} - \log n$ を足せば

$$\frac{1}{n} < 1 + \frac{1}{2} + \frac{1}{3} + \cdots + \frac{1}{n} - \log n$$

となります.したがって

$$0 < \frac{1}{n} < a_n = 1 + \frac{1}{2} + \frac{1}{3} + \cdots + \frac{1}{n} - \log n < 1, \quad (n = 2, 3, 4, \cdots)$$

となることがわかります.これによって今問題になっている数列の一般項 a_n は正であり,かつ 1 より小さいことが示されました.

続いて数列 $\{a_n\}$ は単調に減少する,ということについても確かめておきます.

先程の図形の面積についての不等式

$$\int_n^{n+1} \frac{1}{x} dx > \frac{1}{n+1}$$

より

$$\log(n+1) - \log n > \frac{1}{n+1}$$

となることがわかります.したがって数列 $\{a_n\}$ の隣り合う二つの項 a_n および a_{n+1} の差をとれば

$$\begin{aligned}
&a_n - a_{n+1} \\
&= \left(1 + \frac{1}{2} + \cdots + \frac{1}{n} - \log n\right) - \left(1 + \frac{1}{2} + \cdots + \frac{1}{n+1} - \log(n+1)\right) \\
&= \log(n+1) - \log n - \frac{1}{n+1} > 0
\end{aligned}$$

が成り立つことになります.

これまでの議論から

$$a_2 > a_3 > a_4 > \cdots > a_n > a_{n+1} > \cdots > 0$$

となって,一般項 a_n は正であるとともに,数列 $\{a_n\}$ は n が大きくなるとき単調に減少するということがわかります.これにより $\{a_n\}$ は下に有界であり,よって極限が存在することになるのですが,このときの極限値 $\lim_{n\to\infty} a_n$ をオイラーの定数 γ と呼んでいるのです.

これまでのところ,オイラーの定数 γ はどうやら数列を舞台として描かれ

ているかのようです．実際のところ，この数列を舞台とする議論は，後の節において続くことになります．

9.2 オイラーの定数を積分で表せば

オイラーの定数 γ はもともとは数列の極限で定義された数ですが，これが実は簡単な積分によっても表されるのです．

例えばつぎの章でふれるのですが，γ は積分により

$$\gamma = -\int_0^\infty e^{-x} \log x \, dx$$

と書き表されます．またこのとき $t = e^{-x}$ とおけば，$\log x = \log \log \dfrac{1}{t}$，$dx = -\dfrac{dt}{e^{-x}}$ ですから，置換積分によって

$$\gamma = -\int_0^1 \log \log \frac{1}{x} dx$$

と書き換えて表されます．二重の対数で書かれた，これもまた綺麗な式になっています．

オイラーの定数の定義である極限の式を考えるとき，積分で表されることは少々不思議な感じがしないわけではありませんが，これはオイラーの定数の魅力的なところでもあります．

この節においては，オイラーの定数を積分で表示する場合の興味深いと思われる二つの方法について述べることにします．あわせて，関連する話題についても探ってみたいと思います．

オイラーの定数 γ は，積分

$$\gamma = \int_1^\infty \left(\frac{1}{[x]} - \frac{1}{x}\right) dx$$

によって表されます．ここでガウス記号で書かれた $[x]$ は，実数 x 超えない最大の整数を表しています．

そこで以下において，この式を導くことにしましょう．
はじめに

$$1+\frac{1}{2}+\frac{1}{3}+\frac{1}{4}+\cdots+\frac{1}{n}-\log n = \sum_{k=1}^{n-1}\frac{1}{k} - \int_1^n \frac{1}{x}dx + \frac{1}{n}$$
$$= \sum_{k=1}^{n-1}\int_k^{k+1}\frac{1}{k}dx - \sum_{k=1}^{n-1}\int_k^{k+1}\frac{1}{x}dx + \frac{1}{n} = \sum_{k=1}^{n-1}\int_k^{k+1}\left(\frac{1}{k}-\frac{1}{x}\right)dx + \frac{1}{n}$$

となります．したがって極限をとることにより，γ は

$$\gamma = \lim_{n\to\infty}\left(\sum_{k=1}^{n-1}\int_k^{k+1}\left(\frac{1}{k}-\frac{1}{x}\right)dx + \frac{1}{n}\right)$$
$$= \sum_{k=1}^{\infty}\int_k^{k+1}\left(\frac{1}{k}-\frac{1}{x}\right)dx = \int_1^{\infty}\left(\frac{1}{[x]}-\frac{1}{x}\right)dx$$

と表されることがわかります．

ところで極限 $\lim_{n\to\infty}\left(1+\frac{1}{2}+\frac{1}{3}+\cdots+\frac{1}{n}-\log n\right)$ は正であり，かつ 1 より小さいことについては既に述べたところですが，今の結果を使えばつぎのように示されます．

まず $x \geq [x]$ ですから

$$\int_1^{\infty}\left(\frac{1}{[x]}-\frac{1}{x}\right)dx > 0$$

であることがわかります．他方で

$$\sum_{k=1}^{\infty}\int_k^{k+1}\left(\frac{1}{k}-\frac{1}{x}\right)dx < \sum_{k=1}^{\infty}\int_k^{k+1}\left(\frac{1}{k}-\frac{1}{k+1}\right)dx = \sum_{k=1}^{\infty}\left(\frac{1}{k}-\frac{1}{k+1}\right)$$

となります．ここからは式を書き改めると

$$= \left(1-\frac{1}{2}\right)+\left(\frac{1}{2}-\frac{1}{3}\right)+\left(\frac{1}{3}-\frac{1}{4}\right)+\left(\frac{1}{4}-\frac{1}{5}\right)+\left(\frac{1}{5}-\frac{1}{6}\right)+\cdots = 1$$

となることから，値がちょうど 1 となることがわかります．したがって

$$0 < \lim_{n\to\infty}\left(1 + \frac{1}{2} + \frac{1}{3} + \cdots + \frac{1}{n} - \log n\right) < 1$$

であることが示されます．

つぎに，オイラーの定数 γ はつぎの積分によって表されます．

$$\gamma = 1 - \int_1^\infty \frac{x - [x]}{x^2} dx$$

この積分の成り立つことを示すために，ここでオイラーの和公式というものを導入します．すなわち，M, N を正の整数とし $f(x)$ を微分可能な関数とするとき

$$\sum_{n=M}^N f(n) = \int_M^N f(x)dx + \frac{1}{2}\big(f(M) + f(N)\big) + \int_M^N \left(x - [x] - \frac{1}{2}\right) f'(x) dx$$

が成り立つのですが，これをオイラーの和公式と呼んでいます．そしてこの和公式において，とくに $M = 1$ とおいた場合には

$$\sum_{n=1}^N f(n) = \int_1^N f(x)dx + \frac{1}{2}\big(f(1) + f(N)\big) + \int_1^N \left(x - [x] - \frac{1}{2}\right) f'(x) dx$$

が成り立つことになります．

そこで，上の積分で書かれたオイラーの定数 γ についての式を導くことにしたいのですが，今の場合，$M = 1$ のときの和公式を用いることにします．

関数 $f(n)$ を，$f(n) = \dfrac{1}{n}$ とおきます．このとき $f(x) = \dfrac{1}{x}$，$f'(x) = -\dfrac{1}{x^2}$ となるので，和公式を適用すれば

$$\sum_{n=1}^N \frac{1}{n} = \int_1^N \frac{1}{x}dx - \int_1^N \frac{x - [x] - \frac{1}{2}}{x^2} dx + \frac{1}{2}\left(1 + \frac{1}{N}\right)$$

が得られます．ここで右辺の第1項について

$$\int_1^N \frac{1}{x} dx = \log N$$

であり，また第2項について

$$-\int_1^N \frac{x-[x]-\frac{1}{2}}{x^2}dx = -\int_1^N \frac{x-[x]}{x^2}dx + \frac{1}{2}\int_1^N \frac{1}{x^2}dx$$
$$= -\int_1^N \frac{x-[x]}{x^2}dx + \frac{1}{2}\left(1-\frac{1}{N}\right)$$

となります．したがって第 1 項を移項し，$N \to \infty$ とすれば

$$\lim_{N\to\infty}\left(\sum_{n=1}^N \frac{1}{n} - \log N\right) = 1 - \int_1^\infty \frac{x-[x]}{x^2}dx$$

となることがわかります．なお，右辺の被積分関数の分子で見られる $x-[x]$ は x の小数部分であり，よって $0 \leq x-[x] \leq 1$ となります．

以上により初めに掲げた，オイラーの定数に関する積分が得られることになります．

9.3 オイラー・マクローリンの和公式を用いて

ここでは，先程用いたオイラーの和公式について説明をしておきたいと思います．これに先立ち，オイラー・マクローリンの和公式 (Euler-Maclaurin summation formula) というものについてについて述べておきましょう．

この和公式はオイラーとマクローリン (Maclaurin) によりそれぞれ別個に研究されたもので，つぎの式により表されます．

$$\sum_{n=M}^N f(n) = \int_M^N f(x)dx + \frac{1}{2}\Big(f(M)+f(N)\Big)$$
$$+ \sum_{k=1}^j \frac{B_{2k}}{(2k)!}\Big(f^{(2k-1)}(N) - f^{(2k-1)}(M)\Big) + R_{2j}$$

ただし，R_{2j} は誤差項で

$$R_{2j} = \frac{1}{(2j+1)!}\int_M^N B_{2j+1}(x-[x])f^{(2j+1)}(x)dx$$

で書かれる式です．ここで $j=0$ のときには，和についての項は 0 と見なし

ます．また B_{2k} は第 7 章で述べたベルヌーイ数であり，さらに R_{2j} の被積分関数のなかにはベルヌーイ多項式と呼ばれる $B_{2j+1}(x-[x])$ が含まれています．なお $f^{(k)}(x)$ は，$f(x)$ を連続して k 回微分したときの k 階導関数のことです．

自然数のべき乗の和についての公式は，よく知られているところです．例えば

$$1+2+3+4+5+\cdots+N = \frac{1}{2}N(N+1)$$

となるのでした．実は今のような自然数の和の公式は，このオイラー・マクローリンの和公式を用いて容易に導くことができるのです．そこで簡単な例を挙げておきましょう．

$f(n)=n^3$ とおきます．このとき $f(x)=x^3$ であり，また $f'(x)=3x^2$，$f''(x)=6x$，$f'''(x)=6$ となります．そして $M=1$ とすれば，$B_2=\frac{1}{6}$ であることを使い

$$\begin{aligned}
& 1^3+2^3+3^3+4^3+5^3+\cdots+N^3 \\
&= \int_1^N x^3 dx + \frac{1}{2}(1^3+N^3) + \frac{B_2}{2!}(3N^2-3) + \frac{B_4}{4!}(6-6) \\
&= \left(\frac{1}{4}N^4 - \frac{1}{4}\right) + \left(\frac{1}{2}+\frac{N^3}{2}\right) + \left(\frac{N^2}{4}-\frac{1}{4}\right) = \left(\frac{1}{2}N(N+1)\right)^2
\end{aligned}$$

となることがわかります．なお今の場合は $f^{(k)}(x)=0,(k\geq 4)$ であり，またこれにより誤差項は 0 となります．

もちろんその他の自然数の和の公式についても，同様な方法によって容易に得られます．

オイラーの和公式についての話に戻ります．

上述のオイラー・マクローリンの和公式において $j=0$，$k=1$ とすれば，ベルヌーイ多項式を使った誤差項 R_{2j} は

$$R_{2j} = \int_M^N B_1(x-[x])f'(x)dx = \int_M^N \left(x-[x]-\frac{1}{2}\right)f'(x)dx$$

となります．また和についての項は 0 となります．以上により，オイラーの

和公式が導かれることになります．

　ここで使われているベルヌーイ多項式についても，簡単に説明しておきましょう．

　ベルヌーイ多項式（Bernoulli polynomials）$B_m(x)$ は

$$\frac{ze^{xz}}{e^z-1} = \sum_{m=0}^{\infty} B_m(x)\frac{z^m}{m!}, \quad (|z|<2\pi)$$

を母関数として定められます．詳しいことは省略しますが，この式をもとにしてベルヌーイ多項式はベルヌーイ数 B_k を用いた

$$B_m(x) = \sum_{k=0}^{m} \binom{m}{k} B_k x^{m-k}$$

により表されることがわかります．ここでは二項係数を表す記号

$$\binom{m}{k} = \frac{m!}{(m-k)!k!}$$

が使われています．

　上の定義式に $m=0,1,2,\cdots$ をあてはめると，$B_m(x)$ についての式が順に得られるのですが，それらの初めのいくつかの式はつぎのようになります．

$$B_0(x) = 1$$
$$B_1(x) = x - \frac{1}{2}$$
$$B_2(x) = x^2 - x + \frac{1}{6}$$
$$B_3(x) = x^3 - \frac{3}{2}x^2 + \frac{1}{2}x$$
$$B_4(x) = x^4 - 2x^3 + x^2 - \frac{1}{30}$$

このように $B_m(x)$ は，最高次の係数が 1 となる x の m 次の多項式として表されています．

　このベルヌーイ多項式も，自然数のべき乗の和の計算に用いられます．す

なわち結論を言えば，和を表すときのシンプルな積分

$$1^m + 2^m + 3^m + \cdots + N^m = \int_0^{N+1} B_m(x)dx$$

が成り立つのであり，これによって値が求められることになるのです.

例えば $m=3$ の場合には，$B_3(x)$ の式を用いて

$$\sum_{n=1}^N n^3 = \int_0^{N+1} B_3(x)dx = \int_0^{N+1} \left(x^3 - \frac{3}{2}x^2 + \frac{1}{2}x\right)dx$$
$$= \left[\frac{1}{4}x^4 - \frac{1}{2}x^3 + \frac{1}{4}x^2\right]_0^{N+1} = \frac{1}{4}\Big(N(N+1)\Big)^2$$

となります．このようにベルヌーイ多項式がわかっている場合には，自然数のべきの和の計算は，この多項式を被積分関数とする積分によって直ちに求められることになります．

この機会に，自然数のべき乗の有限和

$$S_m(N) = 1^m + 2^m + 3^m + 4^m + \cdots + N^m$$

について，もう少しふれておきましょう．

この値 $S_m(N)$ を求めるためにベルヌーイが見出した式が，実はベルヌーイ数 B_k を使った

$$S_m(N) = \sum_{k=0}^m \binom{m}{k} \frac{N^{m-k+1}}{m-k+1} B_k$$

であったのです．

ベルヌーイ数については第7章で説明しましたが，ここで使われている B_k は，符号が異なる $B_1 = \dfrac{1}{2}$ を除いては，第7章で述べたベルヌーイ数 B_m と異なるところはありません．念のためですが，B_k の初めの部分はつぎのようになっています．

$$B_0 = 1, \quad B_1 = \frac{1}{2}, \quad B_3 = 0, \quad B_4 = -\frac{1}{30}, \quad B_5 = 0, \quad B_6 = \frac{1}{42}, \quad \cdots$$

これにより，例えば $S_3(N)$ は

$$S_3(N) = \sum_{k=0}^{3} \binom{3}{k} \frac{N^{4-k}}{4-k} B_k = \frac{N^4}{4} + \frac{N^3}{2} + \frac{N^2}{4} = \left(\frac{N(N+1)}{2}\right)^2$$

と求められます．

　自然数のべき乗の有限和は，この公式を使うことによってすぐに求められるのですが，当時ベルヌーイはこのことをたいへん誇りに思い，また自慢していたと伝えられているのです．

　ここからは，オイラーの定数 γ についての話です．
　オイラー・マクローリンの和公式の話をしたところですので，これを使って，ベルヌーイ数およびベルヌーイ多項式で表示されるオイラーの定数 γ を導いてみましょう．
　今の場合には，やはり $M=1$ のときの和公式を用いることにします．
$f(n) = \dfrac{1}{n}$ とすれば $f(x) = \dfrac{1}{x}$ であり，また $2k-1$ 階の導関数 $f^{(2k-1)}(x)$ は

$$f^{(2k-1)}(x) = -\frac{(2k-1)!}{x^{2k}}$$

となります．このときオイラー・マクローリンの和公式から

$$\sum_{n=1}^{N} \frac{1}{n} = \int_1^N \frac{1}{x} dx + \frac{1}{2}\left(1 + \frac{1}{N}\right) + \sum_{k=1}^{j} \frac{B_{2k}}{2k}\left(-\frac{1}{N^{2k}} + 1\right) + R_{2j}$$

ただし，R_{2j} は

$$R_{2j} = -\int_1^N \frac{B_{2j+1}(x-[x])}{x^{2j+2}} dx$$

となる式が得られます．ここで右辺の第 1 項である $\int_1^N \dfrac{1}{x} dx = \log N$ を移項し，$N \to \infty$ とすれば

$$\lim_{N \to \infty} \left(\sum_{n=1}^{N} \frac{1}{n} - \log N\right)$$
$$= \lim_{N \to \infty} \left\{\frac{1}{2}\left(1 + \frac{1}{N}\right) + \sum_{k=1}^{j} \frac{B_{2k}}{2k}\left(-\frac{1}{N^{2k}} + 1\right) - \int_1^N \frac{B_{2j+1}(x-[x])}{x^{2j+2}} dx\right\}$$

となり，よってオイラーの定数 γ は

$$\gamma = \frac{1}{2} + \sum_{k=1}^{j} \frac{B_{2k}}{2k} - \int_{1}^{\infty} \frac{B_{2j+1}(x-[x])}{x^{2j+2}} dx$$

と表示されることがわかります．

この右辺において $j=0$ とすれば第 2 項の和は 0 であり，またベルヌーイ多項式 $B_1(x) = x - \dfrac{1}{2}$ より，オイラーの定数 γ は

$$\begin{aligned}
\gamma &= \frac{1}{2} - \int_{1}^{\infty} \frac{B_1(x-[x])}{x^2} dx = \frac{1}{2} - \int_{1}^{\infty} \frac{x-[x]-\frac{1}{2}}{x^2} dx \\
&= \frac{1}{2} - \int_{1}^{\infty} \frac{x-[x]}{x^2} dx + \frac{1}{2} \int_{1}^{\infty} \frac{1}{x^2} = 1 - \int_{1}^{\infty} \frac{x-[x]}{x^2} dx
\end{aligned}$$

となることが示されます．

9.4 オイラーの定数を一般化すれば

以降においても，やはり数列の考えをもとにしながら話を進めます．そこで，関連する二つの定理について述べるところから始めましょう．

定理（収束する二つの数列） 二つの数列 $\{a_n\}$, $\{b_n\}$ が収束して $\lim_{n\to\infty} a_n = \alpha$, $\lim_{n\to\infty} b_n = \beta$ となるのであれば

$$\lim_{n\to\infty}(a_n \pm b_n) = \lim_{n\to\infty} a_n \pm \lim_{n\to\infty} b_n = \alpha \pm \beta$$

が成り立つ．（複号同順）

この定理の意味するところは，二つの数列が共に収束するとき，それらの項の和または差の極限は，それぞれの数列の極限の和または差に等しい，ということにあります．すなわち $c_n = a_n \pm b_n$ とするとき，数列 $\{c_n\}$ について $\lim_{n\to\infty} c_n = \alpha \pm \beta$ となるということです．実際には和，差に加え，積，商を含めた四則演算と極限の交換が可能である，ということが知られています．なお収束する二つの級数の和については，第 2 章で述べたところです．

定理（部分数列の収束性） 数列が収束するとき，その部分数列はもとの数列の極限値に収束する．

二つの定理とも，重要な内容を含んだ基本的なものであり，以降においてしばしば用いられます．

ここからは本論に入っていきます．

初めにオイラーの定数 γ に関連する，極限

$$\lim_{n \to \infty} \left(1 + \frac{1}{3} + \frac{1}{5} + \cdots + \frac{1}{2n-1} - \frac{1}{2} \log n \right) = \frac{\gamma}{2} + \log 2 \qquad (**)$$

が成り立ちます．この式は，左辺のカッコ内の和の部分の分母が奇数の場合について述べたものです．

そこで二つの定理を用いて，式 $(**)$ の成り立つことを確かめてみましょう．

ここで突然ですが，三つの数列 $\{a_n\}, \{b_n\}, \{c_n\}$ を考えます．この場合の一般項について，a_n は目指す極限 $(**)$ のカッコ内の式と同じ

$$a_n = 1 + \frac{1}{3} + \frac{1}{5} + \cdots + \frac{1}{2n-1} - \frac{1}{2} \log n$$

とし，また b_n は

$$b_n = \frac{1}{2}\left(1 + \frac{1}{2} + \frac{1}{3} + \cdots + \frac{1}{n} - \log n \right)$$

とします．そして c_n は

$$\begin{aligned}
c_n &= a_n + b_n \\
&= \left(1 + \frac{1}{3} + \frac{1}{5} + \cdots + \frac{1}{2n-1} - \frac{1}{2} \log n \right) \\
&\quad + \left(\frac{1}{2}\left(1 + \frac{1}{2} + \frac{1}{3} + \cdots + \frac{1}{n} - \log n \right) \right) \\
&= 1 + \frac{1}{2} + \frac{1}{3} + \cdots + \frac{1}{2n} - \log n
\end{aligned}$$

としておきます．式はややこしく思われるかもしれませんが，今はこのようにしておくことが大切なポイントでもあるのです．

つぎに定理（部分数列の収束性）により

$$\lim_{n\to\infty}\left(1+\frac{1}{2}+\frac{1}{3}+\cdots+\frac{1}{2n}-\log 2n\right)=\gamma$$

すなわち

$$\lim_{n\to\infty}\left(1+\frac{1}{2}+\frac{1}{3}+\cdots+\frac{1}{2n}-\log n\right)=\gamma+\log 2$$

ですが，これにより

$$\lim_{n\to\infty}c_n=\gamma+\log 2$$

であることがわかります．また

$$\lim_{n\to\infty}b_n=\frac{\gamma}{2}$$

となります．したがって，数列 $\{b_n\}$ および数列 $\{c_n\}$ はいずれも収束することになります．よって定理（収束する二つの数列）により

$$\lim_{n\to\infty}a_n=\lim_{n\to\infty}(c_n-b_n)=\lim_{n\to\infty}c_n-\lim_{n\to\infty}b_n$$
$$=(\gamma+\log 2)-\frac{\gamma}{2}=\frac{\gamma}{2}+\log 2$$

となることがわかります．

以上により数列 $\{a_n\}$ は収束し，その極限についての最初に掲げた式 $(**)$ が成り立つことが示されました．

つぎはオイラーの定数 γ に関しての，一般的な式について見ておきましょう．

$m=2,3,4,\cdots$ とするとき，オイラーの定数の定義の式に関連する，以下の式が成り立つのです．

$$\lim_{n\to\infty}\left\{\frac{u(1)}{1}+\frac{u(2)}{2}+\frac{u(3)}{3}+\cdots+\frac{u(nm-1)}{nm-1}-\frac{m-1}{m}\log n\right\}$$
$$=\frac{m-1}{m}\gamma+\log m$$

$(***)$

このときの記号 $u(k)$ は

$$u(k) = \begin{cases} 1 & (k \not\equiv 0 \bmod m) \\ 0 & (k \equiv 0 \bmod m) \end{cases}$$

で定められます．すなわち k が m で割り切れない場合は $u(k) = 1$，割り切れる場合は $u(k) = 0$ となります．

この式は一見したところ，少々複雑に見うけられるかもしれません．詳しいことをここで述べる余裕はありませんが，実際のところ式 (**) の場合と同じような方法により導かれるのです．

今の式 (***) において $m = 2$ とおけば，前に述べた，値が $\dfrac{\gamma}{2} + \log 2$ となる式 (**) が得られます．また例えば $m = 4$ とおいた場合には，つぎの式が成り立つことがわかります．

$$\lim_{n \to \infty} \left\{ \left(1 + \frac{1}{2} + \frac{1}{3}\right) + \left(\frac{1}{5} + \frac{1}{6} + \frac{1}{7}\right) + \left(\frac{1}{9} + \frac{1}{10} + \frac{1}{11}\right) + \cdots \right.$$
$$\left. + \left(\frac{1}{4n-3} + \frac{1}{4n-2} + \frac{1}{4n-1}\right) - \frac{3}{4}\log n \right\} = \frac{3}{4}\gamma + \log 4$$

左辺のカッコ内には，分母が 4 の倍数となる分数の項は含まれていないことになります．

9.5　$\log m$ の級数展開は美しい

ここでは，上で得られた結果を用いたときの，ひとつの応用例を取り上げることにします．結論を先に言えば，m を 2 以上の自然数とするとき，自然対数 $\log m$ は綺麗な無限級数で書き表されることになるのです．

その結論ですが，$\log m, (m = 2, 3, 4, \cdots)$ を級数展開で表す，以下のような優雅で，美しい式が成つことになります

$$1 + \frac{v(2)}{2} + \frac{v(3)}{3} + \frac{v(4)}{4} + \frac{v(5)}{5} + \frac{v(6)}{6} + \cdots = \log m$$

このときの分子で見られる記号 $v(n)$ は

$$v(n) = \begin{cases} 1-m & (n \equiv 0 \bmod m) \\ 1 & (n \not\equiv 0 \bmod m) \end{cases}$$

で定められます．すなわち n が m で割り切れる場合は $v(n) = 1 - m$，そのほかの場合は $v(n) = 1$ となります．

式を用いたときの例を挙げておきましょう．

例えば $m = 4$ の場合には，分母 n が 4 の倍数であれば分子は $v(n) = 1 - 4 = -3$，そうでなければ分子は $v(n) = 1$ ですから

$$1 + \frac{1}{2} + \frac{1}{3} - \frac{3}{4} + \frac{1}{5} + \frac{1}{6} + \frac{1}{7} - \frac{3}{8} + \frac{1}{9} + \frac{1}{10} + \frac{1}{11} - \frac{3}{12} + \cdots = \log 4$$

となります．実際，この級数の分母が 4 の整数倍である項の符号はマイナスで，分子は 3 であることがわかります．

符号の並びをもとに，このような級数を 3 対 1 交代級数と呼ぶことにすれば，マイナス符号の項の分子は今の数 3 で書かれるのです．

つぎに $m = 10$ の場合には

$$\left(1 + \frac{1}{2} + \frac{1}{3} + \cdots + \frac{1}{9} - \frac{9}{10}\right) + \left(\frac{1}{11} + \frac{1}{12} + \frac{1}{13} + \cdots + \frac{1}{19} - \frac{9}{20}\right) \\ + \left(\frac{1}{21} + \frac{1}{22} + \frac{1}{23} + \cdots + \frac{1}{29} - \frac{9}{30}\right) + \cdots = \log 10$$

となります．この級数の分母が 10 の整数倍である項の符号はマイナスで，分子は 10 から 1 を引いた 9 になっています．そして今の場合は 9 対 1 交代級数ということになり，マイナス符号の項の分子は同じ数 9 で書かれるのです．

以上のように，任意の自然数 $m (\geq 2)$ に対して，$\log m$ は分母に自然数が順に現れる $m - 1$ 対 1 交代級数で書き表されるのです．

そしてこの $\log m$ の級数展開は覚えやすいので，例えば友人が選んだどんな自然数でも，その場ですぐに，対応する無限級数を提示することができることになるのです．

$m = 2$ とおいた場合，すなわち $\log 2$ を表す無限級数を導いてみましょう．

これは $\log m$ の級数展開の簡単な例であり，そのために比較的容易に得られるものです．ここにおいても，しばらくは数列をもとにして議論を進めていくことになります．

二つの数列 $\{a_n\}$, $\{b_n\}$ について考えます．ここで一般項 a_n は

$$a_n = 1 + \frac{1}{3} + \frac{1}{5} + \cdots + \frac{1}{2n-1} - \frac{1}{2}\log n$$

であり，また b_n は

$$b_n = \frac{1}{2}\left(1 + \frac{1}{2} + \frac{1}{3} + \cdots + \frac{1}{n} - \log n\right)$$

です．これらは，前の節における a_n または b_n と同じです．この場合，既に得られている結果により数列 $\{a_n\}$ および数列 $\{b_n\}$ はいずれも収束し

$$\lim_{n\to\infty} a_n = \frac{\gamma}{2} + \log 2, \qquad \lim_{n\to\infty} b_n = \frac{\gamma}{2}$$

となるのでした．よって

$$d_n = a_n - b_n$$

とすれば，新たな数列 $\{d_n\}$ は収束し

$$\begin{aligned}\lim_{n\to\infty} d_n &= \lim_{n\to\infty}(a_n - b_n) = \lim_{n\to\infty} a_n - \lim_{n\to\infty} b_n \\ &= \left(\frac{\gamma}{2} + \log 2\right) - \frac{\gamma}{2} = \log 2\end{aligned}$$

が成り立つことになります．ここで $\lim_{n\to\infty} a_n$ については，式 $(**)$ によります．

ところでこの数列の一般項 d_n は

$$\begin{aligned}d_n &= a_n - b_n \\ &= \left(1 + \frac{1}{3} + \frac{1}{5} + \cdots + \frac{1}{2n-1} - \frac{1}{2}\log n\right) \\ &\quad - \left(\frac{1}{2}\left(1 + \frac{1}{2} + \frac{1}{3} + \cdots + \frac{1}{n} - \log n\right)\right) \\ &= 1 - \frac{1}{2} + \frac{1}{3} - \frac{1}{4} + \cdots + \frac{1}{2n-1} - \frac{1}{2n}\end{aligned}$$

となります．したがってこのときの極限 $\lim_{n\to\infty} d_n$ は，つぎのように表されることになります．

$$1 - \frac{1}{2} + \frac{1}{3} - \frac{1}{4} + \frac{1}{5} - \frac{1}{6} + \cdots = \log 2$$

ここで示された式は，もちろんメルカトールの級数です．ですから，この1対1交代級数は，$\log m$ の展開式で $m = 2$ とおいたときに現れる，特別な場合であったわけです．

以上からもわかるのですが，$\log 2$ に関する級数を導く際には，極限の式 (∗∗) を適用するということがポイントになるのです．そして，$\log m$ の級数展開を導くに際しては，同じように極限の式 (∗∗∗) を適用するということがポイントになってくるのです．

第10章

ガンマ関数を探る

10.1 ガンマ関数とは

この章でテーマとなるガンマ関数（Gamma function）$\Gamma(x)$ は，$x>0$ に対して

$$\Gamma(x) = \int_0^\infty e^{-t} t^{x-1} dt$$

で定められる積分を言います．この $\Gamma(x)$ はあまり見慣れないかもしれませんが，ゼータ関数 $\zeta(s)$，オイラーの定数 γ，円周率 π などと深い関係を有していて，数論においては重要な関数のひとつに挙げられています．しかもガンマ関数をもとにして新たに得られる数式は綺麗に書き表されることがあり，またときには不思議な数学の世界へと導いてくれることになるのです．

なお，ギリシア文字は順にアルファ，ベータ，ガンマ，$\cdots$ と続くのですが，ここで使われる記号 Γ は，前にも述べたように大文字のガンマです．

ガンマ関数については，二つの関数を結ぶ

$$\Gamma(x+1) = x\Gamma(x)$$

が成り立つのですが，この式は関数等式と呼ばれています．後においてたびたび用いられる，重要な式と言えるものです．

関数等式について，$-1<x<0$ において左辺は意味を持つので，右辺の $\Gamma(x)$ についても，この領域において x を定めることができます．つぎにその隣の領域である $-2<x<-1$ についても，同じように考えることにより x を定めることができます．つまり最初は $x>0$ において定義された $\Gamma(x)$ ですが，同様な手続きを繰り返すことにより，$x<0$ まで定義域を拡大することができることになるのです．ただし，$x \neq 0, -1, -2, \cdots$ です．

関数等式が成り立つことは，部分積分を用いてつぎのように示されます．

$$\Gamma(x+1) = \int_0^\infty e^{-t}t^x dt = \lim_{K\to\infty}\int_0^K e^{-t}t^x dt$$
$$= \lim_{K\to\infty}\int_0^K (-e^{-t})'t^x dt = \lim_{K\to\infty}\left(\left[-e^{-t}t^x\right]_0^K + x\int_0^K e^{-t}t^{x-1}dt\right)$$
$$= \lim_{K\to\infty}\left(-\frac{K^x}{e^K} + x\int_0^K e^{-t}t^{x-1}dt\right) = x\int_0^\infty e^{-t}t^{x-1}dt = x\Gamma(x)$$

ここでは $\lim_{K\to\infty}\dfrac{K^x}{e^K} = 0$ であることを適用しています．

ガンマ関数は，オイラーによってはじめて導入されたものです．オイラーは当時ガンマ関数について

$$\Gamma(x) = \int_0^1 (-\log t)^{x-1}dt, \quad (x > 0)$$

と書いています．ここで $-\log t = T$ とおくと $t = e^{-T}$ より $dt = -e^{-T}dT$ となるので

$$\Gamma(x) = \int_\infty^0 T^{x-1}\cdot(-e^{-T})dT = \int_0^\infty e^{-t}t^{x-1}dt$$

となることがわかります．

続いて x にさまざまな数を代入した場合の，ガンマ関数 $\Gamma(x)$ の値を求めてみたいと思います．

最初に，x が整数である場合のガンマ関数の値について見てみましょう．

まず $x = 1$ のときには，積分表示により

$$\Gamma(1) = \int_0^\infty e^{-t}dt = \lim_{K\to\infty}\int_0^K e^{-t}dt$$
$$= \lim_{K\to\infty}\left[-e^{-t}\right]_0^K = \lim_{K\to\infty}\left(-\frac{1}{e^K} + 1\right) = 1$$

となることがわかります．そして関数等式を適用することにより

$$\Gamma(2) = 1\cdot\Gamma(1) = 1, \quad \Gamma(3) = 2\Gamma(2) = 2!, \quad \Gamma(4) = 3\Gamma(3) = 3!$$

などの値が順に得られます．このように，自然数 n に対しては

$$\Gamma(n+1) = n!$$

が成り立つことになります．したがって

$$\int_0^\infty e^{-t} t^n dt = n!$$

と書き表されるのですが，積分の値が $n!$ となるこの式からは，とても不思議な感じが漂ってきます．またこのように見てくると，$\Gamma(x)$ の値は x が大きくなると急上昇する増加関数であることもわかります．

　記号 ! を用いて，$0!$ は一般的に $0! = 1$ と定義されます．ところで上で得られた式 $\Gamma(n+1) = n!$ に形式的に $n=0$ を代入すると $\Gamma(1) = 0!$ となり，$\Gamma(1) = 1$ であることから，$0!$ の値は定義したときと同じ結果となることが確かめられます．

　つぎにガンマ関数の，正の分数での値を求めてみましょう．
　はじめに

$$\int_0^\infty e^{-t^2} dt = \frac{\sqrt{\pi}}{2}$$

であることから，つぎのようにして $\Gamma\left(\dfrac{1}{2}\right)$ が求められます．ここでは置換積分によります．すなわち，$t = u^2$ と置けば $dt = 2udu$ ですから

$$\Gamma\left(\frac{1}{2}\right) = \int_0^\infty e^{-t} t^{-\frac{1}{2}} dt = \int_0^\infty e^{-u^2} u^{-1} \cdot 2udu = 2\int_0^\infty e^{-u^2} du = \sqrt{\pi}$$

となります．さらに関数等式に $x = \dfrac{1}{2}$ または $x = \dfrac{3}{2}$ を代入することにより，それぞれ $\Gamma\left(\dfrac{3}{2}\right)$ または $\Gamma\left(\dfrac{5}{2}\right)$ の値が得られ

$$\Gamma\left(\frac{3}{2}\right) = \frac{1}{2}\Gamma\left(\frac{1}{2}\right) = \frac{\sqrt{\pi}}{2}, \qquad \Gamma\left(\frac{5}{2}\right) = \frac{3}{2}\Gamma\left(\frac{3}{2}\right) = \frac{3\sqrt{\pi}}{4}$$

となります．
　このように，自然数 n に対して $\Gamma(n)$ は自然数であるのに対して，$\Gamma\left(n+\dfrac{1}{2}\right)$

は有理数 $\times \sqrt{\pi}$ の形で表される，無理数ということになります．

負の整数 x に対しては $\Gamma(x)$ は定義されませんでしたが，負の分数に対しては関数等式を使い，$\Gamma(x)$ の値が求められることがあります．例えば

$$\Gamma\left(-\frac{1}{2}\right) = -2\Gamma\left(\frac{1}{2}\right) = -2\sqrt{\pi}$$

となります．

10.2 ワイヤシュトラスの積表示から

ガンマ関数に関するワイヤシュトラス（Weierstrass）の積表示は

$$\frac{1}{\Gamma(x)} = xe^{\gamma x} \prod_{n=1}^{\infty} \left(1 + \frac{x}{n}\right) e^{-x/n}, \quad (x \neq 0, -1, -2, ...)$$

で表されます．ここでもオイラー積で見られたような無限積 $\prod_{n=1}^{\infty} \left(1 + \frac{x}{n}\right) e^{-x/n}$ が用いられています．またべきに見られる γ は，前の章でテーマとなったオイラーの定数です．

ワイヤシュトラスの積表示の両辺を x で割ると，関数等式を用いて

$$\frac{1}{\Gamma(x+1)} = e^{\gamma x} \prod_{n=1}^{\infty} \left(1 + \frac{x}{n}\right) e^{-x/n}$$

となります．ここで両辺の対数をとるのでですが，このとき右辺の無限積は無限和によって表され

$$\log \prod_{n=1}^{\infty} \left(1 + \frac{x}{n}\right) e^{-x/n}$$
$$= \sum_{n=1}^{\infty} \log \left\{\left(1 + \frac{x}{n}\right) e^{-x/n}\right\} = \sum_{n=1}^{\infty} \left\{-\frac{x}{n} + \log\left(1 + \frac{x}{n}\right)\right\}$$

となることに注意します．そこでもとに戻ると

$$\log \Gamma(x+1) = -\gamma x + \sum_{n=1}^{\infty} \left\{\frac{x}{n} - \log\left(1 + \frac{x}{n}\right)\right\}$$

$$= -\gamma x + \sum_{n=1}^{\infty} \left\{ -\frac{x}{n} + \left(\frac{x}{n} - \frac{x^2}{2n^2} + \frac{x^3}{3n^3} - \frac{x^4}{4n^4} + \cdots \right) \right\}$$

$$= -\gamma x + \frac{1}{2}\left(1 + \frac{1}{2^2} + \frac{1}{3^2} + \cdots\right)x^2 - \frac{1}{3}\left(1 + \frac{1}{2^3} + \frac{1}{3^3} + \cdots\right)x^3$$

$$+ \frac{1}{4}\left(1 + \frac{1}{2^4} + \frac{1}{3^4} + \cdots\right)x^4 - \frac{1}{5}\left(1 + \frac{1}{2^5} + \frac{1}{3^5} + \cdots\right)x^5 + \cdots$$

となります．よってゼータ関数

$$\zeta(s) = 1 + \frac{1}{2^s} + \frac{1}{3^s} + \frac{1}{4^s} + \frac{1}{5^s} + \cdots, \quad (s > 1)$$

を用いて式を書き改めれば，$\log \Gamma(x+1)$ の展開式

$$\log \Gamma(x+1) = -\gamma x + \frac{\zeta(2)}{2}x^2 - \frac{\zeta(3)}{3}x^3 + \frac{\zeta(4)}{4}x^4 - \cdots, \quad (|x| < 1)$$

が導かれます．この級数展開の係数には，オイラーの定数 γ およびゼータ関数 $\zeta(s)$ の正の整数での値が，順に見られることになります．なお式を変形する過程においては，前に述べた $\log(1+x)$ のテイラー展開を適用しています．

さらにワイヤシュトラスの積表示は，つぎのように式変形されます．この過程においては γ が消去されるのですが，ここで使われている手法は，ぜひとも注目したいところです．

$$\frac{1}{\Gamma(x)} = e^{x\gamma} x \prod_{k=1}^{\infty} \left(1 + \frac{x}{k}\right) e^{-\frac{x}{k}}$$

$$= \lim_{n \to \infty} \left(e^{x + \frac{x}{2} + \frac{x}{3} + \cdots + \frac{x}{n} - x\log n} \cdot e^{-x - \frac{x}{2} - \frac{x}{3} - \cdots - \frac{x}{n}} \right) \cdot x \prod_{k=1}^{n} \left(1 + \frac{x}{k}\right)$$

$$= \lim_{n \to \infty} e^{-x\log n} x \prod_{k=1}^{n} \left(1 + \frac{x}{k}\right) = \lim_{n \to \infty} n^{-x} x \cdot \frac{1+x}{1} \cdot \frac{2+x}{2} \cdots \frac{n+x}{n}$$

$$= \lim_{n \to \infty} \frac{x(x+1)(x+2)(x+3)(x+4)\cdots(x+n)}{n! n^x}$$

したがってガンマ関数 $\Gamma(x)$ は，つぎの極限で表されることがわかります．

この式はガウスの公式と呼ばれています.

$$\Gamma(x) = \lim_{n\to\infty} \frac{n!n^x}{x(x+1)(x+2)\cdots(x+n)}, \quad (x \neq 0, -1, -2, \cdots)$$

またこの式の逆をたどった場合には，ガウスの公式からワイヤシュトラスの積表示が導かれることになります．

ところで，このガウスの公式において $x = \dfrac{1}{2}$ とおくと

$$\Gamma\left(\frac{1}{2}\right) = \lim_{n\to\infty} \frac{2^{n+1}n!\sqrt{n}}{1\cdot 3\cdot 5 \cdots (2n+1)}$$

となります．他方で既に見たように $\Gamma\left(\dfrac{1}{2}\right) = \sqrt{\pi}$ でした．したがって二つの式から，つぎのウォリスの公式が得られます．

$$\sqrt{\pi} = \lim_{n\to\infty} \frac{2^{2n}(n!)^2}{(2n)!\sqrt{n}}$$

ワイヤシュトラスの積表示には，オイラーの定数 γ が使われているのでした．そこでこの式から γ を取り出し，書き表してみたいと思います．

積表示の対数をとると，無限積は無限和で表されるので

$$-\log\Gamma(x) = \log x + \gamma x + \sum_{n=1}^{\infty}\left\{\log\left(1+\frac{x}{n}\right) - \frac{x}{n}\right\}$$

となります．そこで $x=1$ と置けば，$\Gamma(1) = 1$ ですから

$$\gamma = \sum_{n=1}^{\infty}\left\{\frac{1}{n} - \log\left(1+\frac{1}{n}\right)\right\}$$

が導かれます．オイラーの定数 γ は極限によって定義されたのですが，このように和によっても表されることになります．

続いてこの式をもとに，さらに式変形をしていきます．

$$\gamma = \lim_{N\to\infty}\sum_{n=1}^{N}\left\{\frac{1}{n} - \log\left(1+\frac{1}{n}\right)\right\}$$

$$= \lim_{N \to \infty} \left\{ \left(1 + \frac{1}{2} + \frac{1}{3} + \cdots + \frac{1}{N} \right) \right.$$
$$\left. - \left(\log \frac{2}{1} + \log \frac{3}{2} + \log \frac{4}{3} + \cdots + \log \frac{1+N}{N} \right) \right\}$$
$$= \lim_{N \to \infty} \left(1 + \frac{1}{2} + \frac{1}{3} + \cdots + \frac{1}{N} - \log(1+N) \right)$$

これはオイラーの定数の定義の式とは異なったものになっていますが,じつは二つは同値であることが確かめられます.

上の式のカッコ内に $-\log N + \log N$ を加えると

$$\gamma = \lim_{N \to \infty} \left(1 + \frac{1}{2} + \frac{1}{3} + \cdots + \frac{1}{N} - \log N + \log \frac{N}{1+N} \right)$$

となります.そして $n \to \infty$ のとき,カッコ内の最後の項 $\to 0$ ですから

$$\gamma = \lim_{N \to \infty} \left(1 + \frac{1}{2} + \frac{1}{3} + \cdots + \frac{1}{N} - \log N \right)$$

となり,定義の式と等しいことが確かめられます.

　ガウスは,ドイツの中央部に位置するブラウンシュヴァイクで生まれました.この年すなわち 1777 年は,オイラーの生誕からは,ちょうど 70 年後のことです.

　ガウスはすでに少年のころから,数学において特別な才能を発揮していたのです.とくに整数論において,多大なる成果を残していることはよく知られています.そのなかで,素数定理に対する取組みについては前に述べたところです.今日よく知られている素因数分解の一意性（正の整数は順序を除き,唯一通りの方法で素因数に分解される）や mod による合同式も,彼に負うところが大きいのです.

　ガウスの数学における業績は,代数学,幾何学,複素関数などの広い範囲にわたるものでした.さらにガウスの成果は,電磁気学,天文学,測地学などの物理学や,そのほかの自然科学の分野におよんでいるのです.実際,ゲッチンゲンの天文台長を務めたことがあり,その間も力学などに関する多くの発見をしています.

10.3 ディガンマ関数の登場

この節でテーマとなるディガンマ関数 $\psi(x)$ (digamma function) は、ガンマ関数 $\Gamma(x)$ の対数をとり、微分したときの

$$\psi(x) = \Big(\log \Gamma(x)\Big)' = \frac{\Gamma'(x)}{\Gamma(x)}$$

を言います。この $\psi(x)$ についても、やはり見かけることは少ないかもしれません。しかしながらユニークで、結構奥の深いところがあり、意外な展開を楽しむことにもなるのです。この機会に、ぜひ慣れ親しんでいただきたいものです。

ワイヤシュトラスの積表示について、対数をとったときの式は前節で述べました。この式を x で微分をすれば、今の $\psi(x)$ を用いて以下のようになります。

$$\psi(x) = -\gamma + \sum_{n=1}^{\infty} \left(\frac{1}{n} - \frac{1}{x+n-1} \right)$$

これによって、ディガンマ関数 $\psi(x)$ の展開式が導かれることになります。この式は、以降においてたびたび用いられます。

つぎにこのディガンマ関数 $\psi(x)$ の展開式を、k 回連続的に微分します。すると $\psi^{(k)}(x)$ は、和を $n=0$ からとって

$$\psi^{(k)}(x) = \sum_{n=0}^{\infty} \frac{(-1)^{k+1} k!}{(x+n)^{k+1}}$$

と表されることがわかります。

これまでの結果をもとにして

$$\psi(1) = -\gamma, \quad \psi^{(1)}(1) = \zeta(2), \quad \psi^{(2)}(1) = -2\zeta(3), \quad \psi^{(3)}(1) = 3!\zeta(4), \quad \cdots$$

などの値が得られます。式の並びを数列として見ると、第 2 項以降はゼータ関数で書かれるのですが、初項はオイラーの定数で表されています。このようなことからも、ディガンマ関数 $\psi(x)$ は、オイラーの定数およびゼータ関数と関係がある、ということが浮かびあがってきます。

前の節において，$\log\Gamma(x+1)$ の展開式が得られたのでした．そこで式の両辺を微分すると，こんどはディガンマ関数 $\psi(x+1)$ のべき級数展開

$$\psi(x+1) = -\gamma + \zeta(2)x - \zeta(3)x^2 + \zeta(4)x^3 - \cdots, \quad (|x|<1)$$

が導かれます．このべき級数展開は，やはり第 1 項がオイラーの定数で書かれ，第 2 項以降は正の整数のゼータ関数の値を係数とする級数となっています．

こうして得られた $\psi(x)$ および $\psi(x+1)$ の二つの展開式は，後になって大いに活用されることになるのです．

ガンマ関数についての関数等式の対数をとり，微分すれば

$$\psi(x+1) = \psi(x) + \frac{1}{x}$$

が導かれます．ここにディガンマ関数 $\psi(x)$ についての漸化式が得られます．

この漸化式を用いることにより，ディガンマ関数の整数での値 $\psi(n)$，および分数での値 $\psi\left(n+\frac{1}{2}\right)$ が求められることになります．これについて，簡単に見ておくことにしましょう．

$\psi(x)$ についての漸化式を繰り返し適用することにより，例えば $\psi(5)$ は

$$\psi(5) = \psi(4) + \frac{1}{4} = \psi(3) + \frac{1}{3} + \frac{1}{4} = \cdots = \psi(1) + \sum_{k=1}^{4}\frac{1}{k}$$

となります．同じような方法により，一般的に $\psi(n)$ は，$\psi(1) = -\gamma$ を用いて

$$\psi(n) = -\gamma + \sum_{k=1}^{n-1}\frac{1}{k}$$

と書き表されることがわかります．この式は，$\psi(n)$ が，調和級数の部分和からオイラーの定数 γ を引いたときの値に等しい，ということを示しています．

ここで $\psi(n)$ の値について，いくつかの具体例を挙げておきます．

$\psi(100) = 4.60016\cdots, \quad \psi(1000) = 6.90725\cdots, \quad \psi(10000) = 9.21029\cdots$

この $\psi(n)$ は，実は自然対数 $\log n$ に近い値をもつのです．そこでこれに対応する $\log n$ の値を調べてみると，以下のようになります．

$\log 100 = 4.60517\cdots,\quad \log 1000 = 6.90775\cdots,\quad \log 10000 = 9.21034\cdots$

このように，$\psi(n)$ の近似値は $\log n$ で表されることがわかります．実際に，上の $\psi(n)$ についての式とオイラーの定数の定義の式からは

$$\lim_{n\to\infty}\Bigl(\psi(n) - \log(n-1)\Bigr) = 0$$

となるのですが，これから

$$\lim_{n\to\infty}\Bigl(\psi(n) - \log n\Bigr) = 0$$

であることが示されます．

$\psi(n)$ と $\log n$ は，もともと定義の異なるまったく別の式でありながら，大きな数 n に対しては，二つの式の値はほぼ等しいということが言えるのです．

続いて，ディガンマ関数 $\psi\left(n+\dfrac{1}{2}\right), (n = 1, 2, 3, \cdots)$ の値を求めることにしたいと思います．この値も，前と同じようにディガンマ関数についての漸化式を繰り返し適用することにより求められるのです．そしてその結果は，やはりオイラーの定数 γ を用いて

$$\psi\left(n+\dfrac{1}{2}\right) = -\gamma - 2\log 2 + 2\sum_{k=0}^{n-1}\dfrac{1}{2k+1}$$

と書き表されます．

例えばこの式で $n = 1$ とおいた場合の $\psi\left(\dfrac{3}{2}\right)$ の値は，つぎのようになります．

$$\psi\left(\dfrac{3}{2}\right) = 2 - \gamma - 2\log 2$$

またこの式で $n = 2$ とおけば $\psi\left(\dfrac{5}{2}\right)$ の値が求められますが，ディガンマ関数の漸化式を用いた場合には

$$\psi\left(\dfrac{5}{2}\right) = \psi\left(\dfrac{3}{2}+1\right) = \psi\left(\dfrac{3}{2}\right) + \dfrac{2}{3} = \dfrac{8}{3} - \gamma - 2\log 2$$

となります．

10.4 三つの式

ガンマ関数についての話に戻り，ここでは，さまざまな場面で現れ，また用いられる三つの式について，説明をしておきましょう．

最初に取り上げるのが，ガンマ関数の相補公式

$$\Gamma(x)\Gamma(1-x) = \frac{\pi}{\sin \pi x}, \quad (x \neq 0, \pm 1, \pm 2, ...)$$

です．$\Gamma(x)$ と $\Gamma(1-x)$ の関係を表すこの公式は，ワイヤシュトラスの積表示，および $\sin \pi x$ の無限積表示を用いて

$$\frac{1}{\Gamma(x)\Gamma(1-x)} = \frac{1}{-x\Gamma(x)\Gamma(-x)}$$
$$= \frac{1}{-x}e^{x\gamma}x\prod_{n=1}^{\infty}\left(1+\frac{x}{n}\right)e^{-x/n} \cdot e^{-x\gamma}(-x)\prod_{n=1}^{\infty}\left(1-\frac{x}{n}\right)e^{x/n}$$
$$= x\prod_{n=1}^{\infty}\left(1-\frac{x^2}{n^2}\right) = \frac{\sin \pi x}{\pi}$$

となることにより示されます．

相補公式の両辺の対数をとると

$$\log \Gamma(x) + \log \Gamma(1-x) = \log \pi - \log(\sin \pi x)$$

となるのですが，さらに x で微分をすることにより

$$\psi(1-x) - \psi(x) = \pi \cot \pi x$$

が得られます．この式は後においてしばしば用いられる大切な式であり，以降においてはディガンマ関数の相補公式と呼ぶことにします．実際この式からは，ゼータ関数や L 関数と呼ばれる無限級数の値が得られることになるのです．詳しいことについては，次の節において説明します．

つぎにガンマ関数について，以下のような三つの関数の間に成り立つ式が

知られています．

$$\sqrt{\pi}\Gamma(2x) = 2^{2x-1}\Gamma(x)\Gamma\left(x+\frac{1}{2}\right), \quad \left(x \neq 0, -1, ..., \quad x \neq -\frac{1}{2}, -\frac{2}{2}, ...\right)$$

左辺に係数 $\sqrt{\pi}$ が見られるこの式は，ガンマ関数の 2 倍公式，もしくはルジャンドルの公式と呼ばれているものです．

両辺の対数をとり微分すると

$$2\psi(2x) = 2\log 2 + \psi(x) + \psi\left(x+\frac{1}{2}\right)$$

が導かれます．この公式を以降は，ディガンマ関数の 2 倍公式と呼ぶことにします．この 2 倍公式は，相補公式とともに $\psi(x)$ の値を求めるために用いられることがあります．

例えば，この式で $x = \dfrac{1}{2}$ とおけば $\psi(1) = -\gamma$ でしたから

$$\psi\left(\frac{1}{2}\right) = -2\log 2 - \gamma$$

となります．

さらには，ガンマ関数の 2 倍公式を拡張してときの式

$$2\sqrt{3} \cdot 3^{-x}\pi\Gamma(x) = \Gamma\left(\frac{x}{3}\right)\Gamma\left(\frac{x+1}{3}\right)\Gamma\left(\frac{x+2}{3}\right)$$

が成り立つのです．そこでこの式の対数をとり，微分をすれば

$$-3\log 3 + 3\psi(x) = \psi\left(\frac{x}{3}\right) + \psi\left(\frac{x+1}{3}\right) + \psi\left(\frac{x+2}{3}\right)$$

が導かれます．これらの式を，それぞれガンマ関数の 3 倍公式，およびディガンマ関数の 3 倍公式と呼ぶことにします．この式も後において用いられます．

もうひとつの式，それはガンマ関数とゼータ関数の積をシンプルで綺麗な積分で表したものです．これについて，以下において見てみましょう．

ガンマ関数についての式

$$\Gamma(x) = \int_0^\infty e^{-t} t^{x-1} dt$$

において，$t = nu$ とおけば $dt = ndu$ ですから

$$\Gamma(x) = \int_0^\infty e^{-nu}(nu)^{x-1} ndu = n^x \int_0^\infty e^{-nu} u^{x-1} du$$

となります．ここで両辺を n^x で割れば

$$\frac{\Gamma(x)}{n^x} = \int_0^\infty e^{-nu} u^{x-1} du$$

が得られます．さらにこの式において，$n = 1, 2, 3, \cdots$ について足し合わせると

$$\sum_{n=1}^\infty \frac{\Gamma(x)}{n^x} = \sum_{n=1}^\infty \int_0^\infty e^{-nu} u^{x-1} du$$

となります．式の左辺はゼータ関数とガンマ関数の積を表しているので

$$\sum_{n=1}^\infty \frac{\Gamma(x)}{n^x} = \Gamma(x)\zeta(x)$$

となります．他方で右辺は

$$\sum_{n=1}^\infty \int_0^\infty e^{-nu} u^{x-1} du = \int_0^\infty \left(\sum_{n=1}^\infty e^{-nu}\right) u^{x-1} du$$
$$= \int_0^\infty \frac{1}{e^u} \frac{1}{1 - \frac{1}{e^u}} \cdot u^{x-1} du = \int_0^\infty \frac{u^{x-1}}{e^u - 1} du$$

と式変形されます．最後の式では無限等比級数の和を計算しています．

以上によって

$$\Gamma(x)\zeta(x) = \int_0^\infty \frac{u^{x-1}}{e^u - 1} du$$

が導かれることになります．この美しい式が，これまで目指してきた式であったわけです．

この式はオイラーによって得られていたのですが，後になってリーマンにより，複素関数 $\zeta(s)$ に対してこの積分の成り立つことが証明されました．ゼータ関数を理解していくうえで基本となる，重要な式と言えるものです．

例えば $x = 2$ のとき $\Gamma(2) = 1$, $\zeta(2) = \dfrac{\pi^2}{6}$ でしたから，積分

$$\frac{\pi^2}{6} = \int_0^\infty \frac{u}{e^u - 1} du$$

が成り立つのです．

10.5　ディガンマ関数とゼータ関数

　ゼータ関数の正の偶数での値は，ベルヌーイ数を用いた式により与えられるのでした．この節では，もうひとつの方法，すなわちディガンマ関数の相補公式

$$\psi(1-x) - \psi(x) = \pi \cot \pi x$$

をもとにして，ゼータ関数の値を求める方法について考えてみたいと思います．実際のところこの相補公式からは，さまざまな形の無限級数の値が得られることになるのです．

　この公式を，x について $k-1$ 回連続的に微分すれば

$$(-1)^{k-1} \psi^{(k-1)}(1-x) - \psi^{(k-1)}(x) = \pi \frac{d^{k-1}}{dx^{k-1}} \cot \pi x$$

となります．ところで，k 回微分したときの $\psi^{(k)}(x)$ を表す式は

$$\psi^{(k)}(x) = \sum_{n=0}^\infty \frac{(-1)^{k+1} k!}{(x+n)^{k+1}}$$

となるのでした．これをもとにして得られる $\psi^{(k-1)}(x)$ の式，および $\psi^{(k-1)}(1-x)$ の式を用いると，計算過程における式変化については省略しますが，上の式から

$$\sum_{n=0}^\infty \frac{(-1)^{k-1}(k-1)!}{(x+n)^k} - \sum_{n=0}^\infty \frac{(k-1)!}{(1-x+n)^k} = \pi \frac{d^{k-1}}{dx^{k-1}} \cot \pi x \quad (10.1)$$

が導かれます．この式は，今後の議論を進めるうえで基本になるものです．

　以降はこの式 (10.1) をもとにして，二つの関数の値，すなわち k が正の偶数の場合におけるゼータ関数の値，および k が正の奇数の場合における L 関数の値，を導いてみたいと思います．つまり上の式 (10.1) から，ゼータ関

数と L 関数という,二つの異なる種類の無限級数の値を導こうとするものです.

最初に k が正の偶数の場合について考えることにしましょう.このとき,上の式 (10.1) は

$$\sum_{n=0}^{\infty} \frac{1}{(x+n)^k} + \sum_{n=0}^{\infty} \frac{1}{(1-x+n)^k} = \frac{-\pi}{(k-1)!} \frac{d^{k-1}}{dx^{k-1}} \cot \pi x \quad (10.2)$$

となります.

つぎに,この式 (10.2) の x に適当な数を代入してみます.例えば $x = \dfrac{1}{3}$ とおいた場合には,途中の式変形の過程は省きますが

$$1 + \frac{1}{2^k} + \frac{1}{3^k} + \frac{1}{4^k} + \cdots = \frac{-\pi}{(3^k-1)(k-1)!} \frac{d^{k-1}}{dx^{k-1}} \cot \pi x \Big|_{x=1/3}$$

と整理され,これによりゼータ関数 $\zeta(k)$ の級数展開が現れて,値が得られることになるのです.

右辺からわかるのですが,このように $\zeta(k)$ の値を求めるためには,$\cot \pi x$ を x について $k-1$ 回連続的に微分をすることが必要となります.例えば $\cot \pi z$ を 1 回微分,および 2 回微分したときには,それぞれつぎのようになります.

$$(\cot \pi x)' = -\frac{\pi}{\sin^2 \pi x}, \qquad (\cot \pi x)'' = \frac{2\pi^2 \cos \pi x}{\sin^3 \pi x}$$

この場合,もちろん商の導関数についての公式

$$\left(\frac{f(x)}{g(x)}\right)' = \frac{f'(x)g(x) - f(x)g'(x)}{(g(x))^2}$$

を用いることになるのですが,おわかりのように,微分回数が増えることにより式はどうしても複雑にならざるを得ません.実際に 3 回微分では,この 3 階の導関数を $(\cot \pi x)^{(3)}$ と書けば

$$(\cot \pi x)^{(3)} = -\frac{2\pi^3(1 + 2\cos^2 \pi x)}{\sin^4 \pi x}$$

となり，また 4 回微分では

$$(\cot \pi x)^{(4)} = \frac{8\pi^4 \cos \pi x (2 + \cos^2 \pi x)}{\sin^5 \pi x}$$

となります．さらに 5 回微分したときには

$$(\cot \pi x)^{(5)}$$
$$= -\frac{8\pi^5 (2\sin^2 \pi x + 3\sin^2 \pi x \cos^2 \pi x + 10\cos^2 \pi x + 5\cos^4 \pi x)}{\sin^6 \pi x}$$

となることがわかります．でも，この辺りでやめておきましょう．

ここで例を挙げておきます．$x = \frac{1}{3}$ の式で $k = 2$ とおいた場合には，上の $(\cot \pi x)'$ の式を用いて

$$1 + \frac{1}{2^2} + \frac{1}{3^2} + \frac{1}{4^2} + \cdots = \frac{-\pi}{(3^2 - 1)} \cdot \frac{-\pi}{\sin^2 \frac{\pi}{3}} = \frac{\pi^2}{6}$$

となって $\zeta(2)$ の値が得られます．また $k = 4$ とすれば $\zeta(4)$ の値が，$k = 6$ とすれば $\zeta(6)$ の値が得られることになります．

これまでは $x = \frac{1}{3}$ の場合を見てきました．もちろん $x = \frac{1}{2}$, $x = \frac{1}{4}$ などとおいても値は得られます．こうすることにより，$\sin \pi x$, $\cos \pi x$ の値がシンプルな形で表されるからです．

ところで，実はゼータ関数の値を求めるときの一般的な式があるのですが，それは

$$\zeta(k) = -\frac{\pi}{((2m+1)^k - 1)(k-1)!} \sum_{l=1}^{m} \frac{d^{k-1}}{dx^{k-1}} \cot \pi x \Big|_{x = l/(2m+1)}$$

というものです．ここで m は自然数であり，また k は正の偶数です．

この式によれば，$\cot \pi x$ を微分するごとに係数としての π が乗じられるために，$\zeta(k)$ の値は円周率のべき，すなわち π^k を用いて表されることがわかります．

一般的な式を適用したときの，例を挙げておきましょう．例えば $k = 2$,

$m = 4$ とおいたときのゼータ関数 $\zeta(2)$ の値は，つぎの式によって書かれることになります．

$$\zeta(2) = \frac{\pi^2}{80}\left(\frac{1}{\sin^2\frac{\pi}{9}} + \frac{1}{\sin^2\frac{2\pi}{9}} + \frac{1}{\sin^2\frac{3\pi}{9}} + \frac{1}{\sin^2\frac{4\pi}{9}}\right)$$

もちろん，これは既に得られている値 $\frac{\pi^2}{6}$ の別の表し方になります．

このように，$\zeta(k), (k = 2, 4, 6, \cdots)$ の値は自然数 m の値に応じて，さまざまな形によって書き表されることになるのです．

10.6　L 関数の場合には

これまでは k が正の偶数の場合を見てきました．ここではその続編として，k が正の奇数の場合について考えることにします．実際のところ，この場合にはさまざまな L 関数の値が得られることになるのです．そしてこのときの L 関数は，ゼータ関数で見られたような正項級数に限らず，交代級数やそのほかの姿を変えた級数となって現れるのです．

$k(> 1)$ が奇数のときには，式 (10.1) は

$$\sum_{n=0}^{\infty}\frac{1}{(x+n)^k} - \sum_{n=0}^{\infty}\frac{1}{(1-x+n)^k} = \frac{\pi}{(k-1)!}\frac{d^{k-1}}{dx^{k-1}}\cot\pi x \qquad (10.3)$$

となります．この左辺の x に適当な数を代入して式を整理すれば，ある無限級数が表されることになるのですが，右辺からここで得られる値はやはり円周率 π を用いて書かれることがわかります．

一例として，この式において $x = \frac{1}{3}$ とおいた場合を考えてみましょう．実際，このときには無限級数

$$1 - \frac{1}{2^k} + \frac{1}{4^k} - \frac{1}{5^k} + \frac{1}{7^k} - \frac{1}{8^k} + \cdots = \frac{\pi}{3^k(k-1)!}\frac{d^{k-1}}{dz^{k-1}}\cot\pi x \big|_{x=1/3}$$

が得られます．そしてこの式において例えば $k = 3$ とすると，$(\cot\pi x)''$ の

10.6 L 関数の場合には

式を用いて

$$1 - \frac{1}{2^3} + \frac{1}{4^3} - \frac{1}{5^3} + \frac{1}{7^3} - \frac{1}{8^3} + \cdots = \frac{\pi}{3^3 \cdot 2!} \cdot \frac{2\pi^2 \cos\frac{\pi}{3}}{\sin^3\frac{\pi}{3}} = \frac{4\pi^3}{81\sqrt{3}}$$

となることがわかります．前に述べたゼータ関数に対して，このような無限級数はディリクレの L 関数（Dirichlet L-function）と呼ばれています．とくに今の場合には，項の符号が $+ - + - + - \cdots$ と続く交代級数になっています．

ここで上の L 関数について，もう少し詳しく見ていきましょう．

分母が $1 \bmod 3$，つまり 3 で割ったとき余りが 1 となる項の係数は 1 であり，また分母が $2 \bmod 3$，つまり 3 で割ったとき余りが 2 となる項の係数は -1 であることがわかります．そして分母が $0 \bmod 3$ つまり 3 で割り切れる項の係数は 0 となっています．このときの分母とは，べきを除いた自然数を言います．

さらにまとめて言えば，つぎのようになります．

ディガンマ関数の相補公式をもとに微分を繰り返すことによって，新たに L 関数というものが得られます．この L 関数について，例えば $x = \frac{1}{3}$ とおいた場合には，各項の係数は mod3 の剰余類（3 で割ったときの余りの数）により定まるということになります．さらに一般的には，この種の無限級数について $N(> 1)$ を自然数として $x = \frac{1}{N}$ とおいた場合には，級数における項の係数は $\bmod N$ の剰余類（N で割ったときの余りの数）により定まるのです．

このように繰り返し微分することにより得られる級数ですが，そのときの係数は剰余類で定まるということになるのです．すなわち微分するということと剰余類という数学的にはまったく異なることが，直接かかわっているということになるのです．考えてみれば，これも不思議なことです．

前にふれたオイラー積はゼータ関数に限ったことではなく，この種の L 関数においても形を変えて見られます．例えば上の L 関数の例では，オイラー

積はつぎのように書き表されます．

$$1 - \frac{1}{2^3} + \frac{1}{4^3} - \frac{1}{5^3} + \frac{1}{7^3} - \frac{1}{8^3} + \frac{1}{10^3} - \frac{1}{11^3} + \cdots$$
$$= \frac{1}{1+\frac{1}{2^3}} \cdot \frac{1}{1+\frac{1}{5^3}} \cdot \frac{1}{1-\frac{1}{7^3}} \cdot \frac{1}{1+\frac{1}{11^3}} \cdot \frac{1}{1-\frac{1}{13^3}} \cdots = \frac{4\pi^3}{81\sqrt{3}}$$

これにより自然数で書かれた無限級数，素数で書かれた無限積，そして円周率で書かれた値の三つの式が等号で結ばれて，ひとつの式で書かれることになるのです．

無限級数の分母には 3 の倍数である自然数が含まれておらず，またオイラー積における分母には素数 3 が含まれていません．このオイラー積に見られる分数の符号はまちまちのようですが，よく見ると素数を 3 で割ったときの余りが 1 ならマイナス，余りが 2 ならプラスとなっているのです．もちろん 3 で割ったときに余りが 0 となる素数はありません．

では L 関数のいくつかの例を挙げておきましょう．級数を比較しながら，その美しさをじっくりと鑑賞していただきたいと思います．

$$1 - \frac{1}{3^3} + \frac{1}{5^3} - \frac{1}{7^3} + \frac{1}{9^3} - \frac{1}{11^3} + \frac{1}{13^3} - \frac{1}{15^3} + \cdots = \frac{\pi^3}{32}$$
$$1 + \frac{1}{3^3} - \frac{1}{5^3} - \frac{1}{7^3} + \frac{1}{9^3} + \frac{1}{11^3} - \frac{1}{13^3} - \frac{1}{15^3} + \cdots = \frac{3\sqrt{2}\pi^3}{128}$$

この二つの級数の各項の絶対値は同じですが，項の符号は上の級数では $+-+-\cdots$ と続くのに対して，下の級数では $++--++--\cdots$ と続きます．ただし値は，いずれの級数も円周率を使い π^3 で書かれていることがわかります．

つぎは，今の級数において，分母が 3 の倍数となる項を除いたときの交代級数の例です．

$$1 - \frac{1}{5^3} + \frac{1}{7^3} - \frac{1}{11^3} + \frac{1}{13^3} - \frac{1}{17^3} + \frac{1}{19^3} - \frac{1}{23^3} + \cdots = \frac{\sqrt{3}\pi^3}{54}$$

級数の項の符号は，分母に見られる整数を 6 で割ったときの余りが 1 のときは $+$，同じく余りが 5 のときは $-$，そのほかのときには項は 0 となります．

また値はやはり π^3 で書かれることになります．

上の級数の分母のべきは3ですが，べきが1の場合にも式は成り立つのであり，以下のようになります．

$$1 - \frac{1}{5} + \frac{1}{7} - \frac{1}{11} + \frac{1}{13} - \frac{1}{17} + \frac{1}{19} - \frac{1}{23} + \cdots = \frac{\sqrt{3}\pi}{6}$$

このときの値は，（べきが1の）円周率 π を用いて書き表されます．

10.7　二つのガンマ，オイラーの定数 γ とガンマ関数 $\Gamma(x)$

これまでに，ガンマ関数とディガンマ関数についての説明をひととおり終えました．これらの関数とオイラーの定数 γ との関係については既に述べたところもあるのですが，この節で改めて取り上げてみたいと思います．オイラーの定数はこれらの二つの関数とは関係なく定義されたのですが，それらの間には意外な関係が潜んでいるのであり，また新たな姿が現れることにもなるのです．

ガンマ関数 $\Gamma(x)$ は，定義の式から

$$\Gamma(x) = \int_0^\infty e^{-t} t^{x-1} dt = \int_0^\infty e^{-t} e^{(x-1)\log t} dt$$

と表されます．この式を x で微分すれば

$$\Gamma'(x) = \int_0^\infty e^{-t} e^{(x-1)\log t} \log t \, dt = \int_0^\infty e^{-t} t^{x-1} \log t \, dt$$

となります．したがって $\Gamma'(1)$ は

$$\Gamma'(1) = \int_0^\infty e^{-t} \log t \, dt$$

となり，積分で書き表されます．

つぎに前出の $\psi(x+1)$ のべき級数展開の式において $x=0$ とおけば

$$\psi(1) = -\gamma$$

であることが確かめられます．ここで $\psi(x)$ についての定義の式

$$\psi(x) = \frac{\Gamma'(x)}{\Gamma(x)}$$

を思い出すと，$\Gamma(1) = 1$ でしたので

$$\Gamma'(1) = -\gamma$$

であることもわかります．

ここで少しリラックスしましょう．

上の二つの $\Gamma'(1)$ の式から，オイラーの定数 γ は積分

$$\gamma = -\int_0^\infty e^{-t} \log t \, dt$$

で表されることがわかります．繰り返しになるのですが，ガンマ関数は

$$\Gamma(x) = \int_0^\infty e^{-t} t^{x-1} dt$$

と書かれるのでした．このように並べられた式を見ていると，二つのガンマ，すなわちオイラーの定数 γ（ガンマ）とガンマ関数 $\Gamma(x)$ には，どこか形の似ているところがあるようにも思われます．

本論に戻ります．

上の $\psi(x)$ の定義の式を x で微分をすれば

$$\psi'(x) = \frac{\Gamma''(x)\Gamma(x) - \Gamma'(x)^2}{\Gamma(x)^2}$$

となります．ここで $x = 1$ とすれば，$\Gamma(1) = 1$ および $\Gamma'(1) = -\gamma$ を用いて

$$\psi'(1) = \Gamma''(1) - \gamma^2$$

が成り立つことがわかります．

そして

10.7 二つのガンマ，オイラーの定数 γ とガンマ関数 $\Gamma(x)$

$$\Gamma''(x) = \int_0^\infty e^{-t} t^{x-1} (\log t)^2 dt$$

より

$$\Gamma''(1) = \int_0^\infty e^{-t} (\log t)^2 dt$$

となります．他方で $\psi'(1) = \zeta(2)$ であり，よって $\psi'(x)$ の式から $\Gamma''(1)$ はつぎのように表されます．

$$\Gamma''(1) = \gamma^2 + \zeta(2)$$

これにより，$\Gamma''(1)$ の値は，オイラーの定数 γ とゼータ関数の値 $\zeta(2)$ によって表されることになります．

また

$$\Gamma'''(x) = \int_0^\infty e^{-t} t^{x-1} (\log t)^3 dt$$

であり，よって

$$\Gamma'''(1) = \int_0^\infty e^{-t} (\log t)^3 dt$$

となります．

そして詳しい説明は省きますが，$\psi'(x)$ についての式を微分して得られる $\psi''(x)$ に $x=1$ とおいた $\psi''(1)$ の式から

$$\gamma^3 + \frac{\pi^2}{2}\gamma = -\int_0^\infty e^{-t} (\log t)^3 dt - 2\zeta(3)$$

が成り立つことがわかります．

このように見てくると，ガンマ関数およびディガンマ関数はオイラーの定数と深い関係があって，さまざまな式で表されることがわかります．

第11章

美しい無限級数の数学の世界

11.1 "級数のゼータ効果" とは

ゼータ関数

$$\zeta(m) = 1 + \frac{1}{2^m} + \frac{1}{3^m} + \frac{1}{4^m} + \frac{1}{5^m} + \cdots, \quad (m = 2, 3, 4, \cdots)$$

について，m が正の偶数の場合にはベルヌーイ数を用いた式により，もしくは，ディガンマ関数についての相補公式を用いることにより，その値が求められるのでした．m が正の奇数の場合には，今のところ，このような式はまだ見出されていませんが，値の計算はなされてきたわけです．実際，$m = 2, 3, \cdots, 10$ のゼータ関数の，小数点以下 9 桁までの値は順につぎのようになります．

$$\zeta(2) = 1.644934066\cdots$$
$$\zeta(3) = 1.202056903\cdots$$
$$\zeta(4) = 1.082323234\cdots$$
$$\zeta(5) = 1.036927755\cdots$$
$$\zeta(6) = 1.017343062\cdots$$
$$\zeta(7) = 1.008349277\cdots$$
$$\zeta(8) = 1.004077356\cdots$$
$$\zeta(9) = 1.002008393\cdots$$
$$\zeta(10) = 1.000994575\cdots$$

上の数字を眺めていると，m が大きくなるにつれて $\zeta(m)$ の値の小数点以下の数字が小さくなることがわかります．しかもそれは m が 1 大きくなる

ごとに，もとの数の $\frac{1}{2}$ 未満になるように思われます．これは正しいのですが，念のため確認しておきましょう．

二つの関数 $\frac{1}{2}\bigl(\zeta(m)-1\bigr)$ および $\zeta(m+1)-1$ は，それぞれ

$$\frac{1}{2}\bigl(\zeta(m)-1\bigr) = \frac{1}{2\cdot 2^m} + \frac{1}{2\cdot 3^m} + \frac{1}{2\cdot 4^m} + \frac{1}{2\cdot 5^m} + \cdots$$

$$\zeta(m+1)-1 = \frac{1}{2\cdot 2^m} + \frac{1}{3\cdot 3^m} + \frac{1}{4\cdot 4^m} + \frac{1}{5\cdot 5^m} + \cdots$$

と表されるので，その差は

$$\frac{1}{2}\bigl(\zeta(m)-1\bigr) - \bigl(\zeta(m+1)-1\bigr)$$
$$= \left(\frac{1}{2} - \frac{1}{3}\right)\frac{1}{3^m} + \left(\frac{1}{2} - \frac{1}{4}\right)\frac{1}{4^m} + \left(\frac{1}{2} - \frac{1}{5}\right)\frac{1}{5^m} + \cdots$$

となります．これが正であることにより

$$\frac{1}{2}\bigl(\zeta(m)-1\bigr) > \zeta(m+1)-1$$

となることが示されます．

なお一般的に，収束する二つの級数の差は，各項ごとの差を足していくことで求められるのでした．

つぎにゼータ関数がなす数列

$$\zeta(2), \quad \zeta(3), \quad \zeta(4), \quad \zeta(5), \quad \zeta(6), \quad \cdots$$

は 1 に収束するように思われます．実際，これが正しいことは既に第 7 章において見たとおりです．もしくは $m \to \infty$ のとき，ゼータ関数 $\zeta(m)$ の第 2 項以降 $\to 0$ となって第 1 項の 1 だけが残ることになり，このとき $\zeta(m) \to 1$ となることがわかります．

$\zeta(m)$ の値の数字，とくに小数点以下の数字ついて，ここでもう一度よく見てみましょう．

値が小さくなることを除けば，小数点以下の数字の並びには何らかの規則性があるということはなく，まるでランダムとなっているようにさえ思われ

ます．

　しかしながら，ゼータ関数の正の整数での値を項としてつくられる新たな無限級数になると，様子がまったく異なってくるのです．すなわちその値はシンプルであり，また綺麗な姿となって出現することがあるのです．このような例について，鑑賞しつつ，以降においてじっくりと味わってみたいと思います．

　話は変わりますが，初項が $\dfrac{1}{2^2}$，公比が $\dfrac{1}{2}$ の無限等比級数は

$$\frac{1}{2^2}+\frac{1}{2^3}+\frac{1}{2^4}+\frac{1}{2^5}+\frac{1}{2^6}+\frac{1}{2^7}+\cdots=\frac{1}{2}$$

となります．初項が a，公比が r の無限等比級数の値 s は

$$s=\frac{a}{1-r},\quad (|r|<1)$$

となるのでした．したがって，この公式に $a=\dfrac{1}{2^2}$, $r=\dfrac{1}{2}$ とおくことにより，今の値が得られることになります．

　ところでこの級数の第 1 項，第 2 項，第 3 項，… に，それぞれ $\zeta(2)$, $\zeta(3)$, $\zeta(4)$, … を掛けていったときにできる新しい級数，すなわち $\dfrac{\zeta(2)}{2^2}$, $\dfrac{\zeta(3)}{2^3}$, $\dfrac{\zeta(4)}{2^4}$, … を足していったときの級数は，一体どんな姿となって現れるのでしょうか．

　結論を先にいいますと，このとき級数

$$\frac{\zeta(2)}{2^2}+\frac{\zeta(3)}{2^3}+\frac{\zeta(4)}{2^4}+\frac{\zeta(5)}{2^5}+\frac{\zeta(6)}{2^6}+\cdots=\log 2 \qquad (11.1)$$

が出現することになるのです．

　新たな級数の値は，当然のことながらもとの級数の値である $\dfrac{1}{2}=0.5$ より少し大きくなるわけですが，実はそれはちょうど $\log 2=0.693\cdots$ に等しいということを式 (11.1) は述べているのです．このように突然，自然対数 $\log 2$ が現れるということは，にわかには信じられないかもしれませんが．なお分子である $\zeta(n)$ は 1 より大きいのですが，$n\to\infty$ のときの値は次第に

小さくなり，どこまでも 1 に近づくのでした．

ところで今の式 (11.1) についてですが，2 以上のすべての整数でのゼータ関数の値が一致協力することにより，この調和のとれた級数の "作品" が成り立っていると言えるのです．仮にひとつでも欠けることになれば，たちまち作品の美しさが失われてしまいます．

それにしても式には神秘的な雰囲気が漂い，綺麗な無限級数で書かれているのです．

いままでは正項級数を見てきましたが，つぎは (11.1) と各項の絶対値が等しい交代級数の場合を見てみたいと思います．

初項が $\frac{1}{2^2}$，公比が $-\frac{1}{2}$ の無限等比級数は

$$\frac{1}{2^2} - \frac{1}{2^3} + \frac{1}{2^4} - \frac{1}{2^5} + \frac{1}{2^6} - \frac{1}{2^7} + \cdots = \frac{1}{6}$$

となります．そして前と同じように，この級数の各項 $\frac{1}{2^n}$ に $\zeta(n)$ を掛けていったときにできる新しい級数についてですが，その値には，以下のようにやはり $\log 2$ が現れることになるのです．

$$\frac{\zeta(2)}{2^2} - \frac{\zeta(3)}{2^3} + \frac{\zeta(4)}{2^4} - \frac{\zeta(5)}{2^5} + \frac{\zeta(6)}{2^6} - \cdots = 1 - \log 2 \qquad (11.2)$$

このことを左辺から予想することは難しいことであり，やはりとても不思議に思われます．

さらに，分子がゼータ関数の偶数での値，分母が 2 の奇数べきからなる，以下の無限級数が成り立ちます．このときの値はちょうど 1 になるのであり，調和のとれたエレガントな姿を私達に見せてくれます．

$$\frac{\zeta(2)}{2} + \frac{\zeta(4)}{2^3} + \frac{\zeta(6)}{2^5} + \frac{\zeta(8)}{2^7} + \frac{\zeta(10)}{2^9} + \cdots = 1$$

この級数についてですが，実は上で述べた二つの式である，(11.1) と (11.2) の和をとった場合に現れるのです．

ゼータ関数の正の偶数での値は，$\zeta(2) = \frac{\pi^2}{6}$, $\zeta(4) = \frac{\pi^4}{90}$ など円周率 π の

べきを使って書かれるのでした．しかしこの級数の値においては π が消えてしまっているだけでなく，ぴったり 1 に等しいのであり，まさに驚きとも言える姿に変貌しています．正の偶数でのゼータ関数の値すべてが協力し合うことで成り立っているこの無限級数は，美しさがあふれた最高の作品のひとつと言えるでしょう．ちなみに級数の第 1 項，第 2 項まで，第 3 項まで，第 4 項まで，そして第 5 項までのそれぞれの和を小数点以下 5 桁まで計算すると，順に

$$0.82246, \quad 0.95775, \quad 0.98954, \quad 0.99739, \quad 0.99934$$

となっており，次第に 1 に近づく様子がわかります．

なお，これまでと同じように考えたとき，初項が $\dfrac{1}{2}$，公比が $\dfrac{1}{2^2}$ の無限等比級数は

$$\frac{1}{2} + \frac{1}{2^3} + \frac{1}{2^5} + \frac{1}{2^7} + \frac{1}{2^9} + \frac{1}{2^{11}} + \cdots = \frac{2}{3}$$

となります．この級数の各項に，順に $\zeta(2), \zeta(4), \zeta(6), \cdots$ を掛けていったときにできる新たな級数の値は，$\dfrac{2}{3} = 0.666\cdots$ より大きくなるのは当然ですが，それがちょうど 1 になるのです．ゼータ関数の影響力と言うべきでしょうか，または魅力とでも言うべきでしょうか，考えてみればこれもまた不思議なことです．

これまでの例で見られるように，無限級数の各項にゼータ関数の値を順に乗じていったときには，まるで変身したかのような美しい式が現れることがあるのです．すなわち，もとの級数 S を，分母が関数 $f(n)$ で書かれた

$$S = \frac{1}{f(2)} + \frac{1}{f(3)} + \frac{1}{f(4)} + \frac{1}{f(5)} + \frac{1}{f(6)} + \cdots$$

とするとき，新たな級数 S_ζ は，分母が関数 $f(n)$ で，また分子がゼータ関数 $\zeta(n)$ で書かれた

$$S_\zeta = \frac{\zeta(2)}{f(2)} + \frac{\zeta(3)}{f(3)} + \frac{\zeta(4)}{f(4)} + \frac{\zeta(5)}{f(5)} + \frac{\zeta(6)}{f(6)} + \cdots$$

と表されます．上で挙げた三つの例の場合では，登場順に

11.1 "級数のゼータ効果"とは

$$S_\zeta = \sum_{n=2}^{\infty} \frac{\zeta(n)}{2^n}, \quad (f(n) = 2^n)$$

$$S_\zeta = \sum_{n=2}^{\infty} \frac{(-1)^n \zeta(n)}{2^n}, \quad (f(n) = 2^n)$$

$$S_\zeta = \sum_{n=1}^{\infty} \frac{\zeta(2n)}{2^{2n-1}}, \quad (f(n) = 2^{2n-1})$$

と書かれます.もちろん実際の級数の例には,さまざまなバリエーションが見られるのですが.このときもとの級数 S と見比べたとき,新たな級数 S_ζ には形,姿の変わった値が現れることがあるのです.そこでこのような現象を,以降では級数のゼータ効果と呼ぶことにします.

ここで前に述べたディリクレの L 関数について,改めて整理しておきたいと思います.この関数 $L(n,\chi)$ はゼータ関数 $\zeta(n)$ をもとにして,各項にディリクレ指標 $\chi(m), (m=1,2,3,\cdots)$ という係数を掛けていったときの級数です.

$$\begin{aligned}L(n,\chi) &= \sum_{m=1}^{\infty} \frac{\chi(m)}{m^n} \\ &= 1 + \frac{\chi(2)}{2^n} + \frac{\chi(3)}{3^n} + \frac{\chi(4)}{4^n} + \frac{\chi(5)}{5^n} + \frac{\chi(6)}{6^n} + \cdots\end{aligned}$$

二つの例を挙げておきましょう.

例えば $\chi(m)$ を

$$\chi(m) = \begin{cases} 0 & (m \equiv 0 \bmod 3) \\ 1 & (m \equiv 1 \bmod 3) \\ -1 & (m \equiv 2 \bmod 3) \end{cases}$$

で定義されるディリクレ指標とします.すなわち m が 3 で割り切れる場合は $\chi(m)=0$, m を 3 で割ったときの余りが 1 の場合は $\chi(m)=1$, また余りが 2 の場合は $\chi(m)=-1$ となります.このとき,$L(5,\chi)$ はつぎの級数で表されます.

$$1 - \frac{1}{2^5} + \frac{1}{4^5} - \frac{1}{5^5} + \frac{1}{7^5} - \frac{1}{8^5} + \frac{1}{10^5} - \frac{1}{11^5} + \cdots = \frac{4\sqrt{3}\pi^5}{2187}$$

この級数は，前の章において導かれた式 (10.3) において，$k=5$, $x=\dfrac{1}{3}$ とおけば得られます．

つぎに，χ を

$$\chi(m) = \begin{cases} 0 & (m \equiv 0,2,4,6 \bmod 8) \\ 1 & (m \equiv 1,3 \bmod 8) \\ -1 & (m \equiv 5,7 \bmod 8) \end{cases}$$

で定義されるディリクレ指標とします．このとき，$L(5,\chi)$ はつぎの級数で表されます．

$$1 + \frac{1}{3^5} - \frac{1}{5^5} - \frac{1}{7^5} + \frac{1}{9^5} + \frac{1}{11^5} - \frac{1}{13^5} - \frac{1}{15^5} + \cdots = \frac{19\sqrt{2}\pi^5}{8192}$$

この級数は，同じく (10.3) において $k=5$ とおき，$x=\dfrac{1}{8}$ および $x=\dfrac{3}{8}$ としたときの二つの式の和をとれば得られます．

実際のところおおまかに言えば，L 関数はつぎのようにして得られます．すなわち，(10.3) に $x=\dfrac{1}{N},\dfrac{2}{N},\cdots,\dfrac{N-1}{2N}$, $(N=3,5,7,\cdots)$, または $x=\dfrac{1}{N},\dfrac{2}{N},\cdots,\dfrac{N-2}{2N}$, $(N=4,6,8,\cdots)$ とおいた式に $1,-1,i,-i$ などを乗じ，これらの和をとることにより，$L(n,\chi)$ が求められます．

このほかにも L 関数についての式があり，これによりさまざまな無限級数が得られるのです．

ところで，これまでにゼータ関数と関係のある，二つの級数を見てきたことになります．

そのなかで，ディリクレの L 関数 $L(n,\chi)$ はゼータ関数 $\zeta(n)$ をもととして，各項に指標 $\chi(m)$ を掛けていったときの級数であったわけです．これに対して，級数 S_ζ は，級数 S をもとにして各項にゼータ関数 $\zeta(n)$ を掛けていったときの級数，ということになるのです．

11.1 "級数のゼータ効果"とは

大分後になってしまったのですが，以降において二つの式 (11.1) および (11.2) を導いてみましょう．式からは表だって見えないのですが，ここからはほかでもないディガンマ関数をうまく使っていくということがポイントになってきます．

前の章で述べたのですが，ディガンマ関数の値 $\psi\left(\dfrac{1}{2}\right)$ は

$$\psi\left(\frac{1}{2}\right) = -\gamma - 2\log 2$$

となるのでした．他方で $\psi(x+1)$ のべき級数展開

$$\psi(x+1) = -\gamma + \zeta(2)x - \zeta(3)x^2 + \zeta(4)x^3 - \cdots, \quad (|x|<1)$$

において $x = -\dfrac{1}{2}$ とすれば

$$\psi\left(\frac{1}{2}\right) = -\gamma - \frac{\zeta(2)}{2} - \frac{\zeta(3)}{2^2} - \frac{\zeta(4)}{2^3} - \frac{\zeta(5)}{2^4} - \cdots$$

となります．したがって，$\psi\left(\dfrac{1}{2}\right)$ を表す二つの式から，目指す式 (11.1) が得られるのです．

以上の計算過程においてオイラーの定数 γ は式から消去され，結果として二つの式を結ぶ役割を果たしていることになります．これには化学反応における触媒を思い出されるのですが，γ のこのような作用は，以降においても時折見られることになるのです．

つぎに $\psi(x)$ についての漸化式を用いて，$\psi\left(\dfrac{3}{2}\right)$ は

$$\psi\left(\frac{3}{2}\right) = \psi\left(\frac{1}{2}\right) + 2 = 2 - \gamma - 2\log 2$$

となります．他方で $\psi(x+1)$ のべき級数展開で $x = \dfrac{1}{2}$ とおけば

$$\psi\left(\frac{3}{2}\right) = -\gamma + \frac{\zeta(2)}{2} - \frac{\zeta(3)}{2^2} + \frac{\zeta(4)}{2^3} - \frac{\zeta(5)}{2^4} + \cdots$$

となります．したがって，今の $\psi\left(\dfrac{3}{2}\right)$ を表す二つの式からは，こんどは交代級数 (11.2) が導かれることになります．この場合も，オイラーの定数 γ は

式から消去されていることがわかります.

このように見てくると，ディガンマ関数 $\psi(x)$ は意外なところでその威力を発揮していることになるのです.

ディリクレは1805年にベルギーで生まれ，その後ドイツで活躍した数学者です.

前にも述べたのですが，ディリクレは解析的な手法により，素数に関する算術級数定理を証明しました．このとき，ディリクレ指標が用いられ，ゼータ関数を一般化したディリクレの L 関数が導入されたのでした．そのほかにも，彼はフェルマーの最終定理のある例についての証明を行い，またフーリエ級数の理論などについても大きな貢献をしています．ディリクレはベルリン大学，およびガウスの後を継いでゲッチンゲン大学でも教鞭をとっています．ただ期待されるなか病のために1859年に54歳で亡くなったことは，惜しまれるところです.

11.2 ゼータ関数が描く優美な無限級数の話

上で得られた二つの級数 (11.1) と (11.2) の分母に見られる2を，そのまま4に入れ替えたときの無限級数について考えてみましょう．ここでも，やはり級数のゼータ効果がもたらす，二つの無限級数 S_ζ について探ることになります.

最初に正項級数を挙げておきましょう．

まず分子が1で，分母が4のべきの無限等比級数は

$$\frac{1}{4} + \frac{1}{4^2} + \frac{1}{4^3} + \frac{1}{4^4} + \frac{1}{4^5} + \frac{1}{4^6} + \cdots = \frac{1}{3}$$

となります．そして，この級数の各項に $\zeta(2), \zeta(3), \cdots$ を順に掛けていったときには，新しい級数

$$\frac{\zeta(2)}{4} + \frac{\zeta(3)}{4^2} + \frac{\zeta(4)}{4^3} + \frac{\zeta(5)}{4^4} + \frac{\zeta(6)}{4^5} + \cdots = 3\log 2 - \frac{\pi}{2} \quad (11.3)$$

が現れます．このときの値には，$\log 2$ に加えて円周率 π が現れることにな

るのです．値は当然 $\frac{1}{3} = 0.333\cdots$ より大きくて，$3\log 2 - \frac{\pi}{2} = 0.508\cdots$ になるわけです．

つぎは (11.3) の交代級数についてですが，このときの値も同じように $\log 2$ と円周率 π で表されます．

$$\frac{\zeta(2)}{4} - \frac{\zeta(3)}{4^2} + \frac{\zeta(4)}{4^3} - \frac{\zeta(5)}{4^4} + \frac{\zeta(6)}{4^5} - \cdots = 4 - 3\log 2 - \frac{\pi}{2} \quad (11.4)$$

このとき，対応する無限級数は

$$\frac{1}{4} - \frac{1}{4^2} + \frac{1}{4^3} - \frac{1}{4^4} + \frac{1}{4^5} - \frac{1}{4^6} + \cdots = \frac{1}{5}$$

ですが，同じように，この級数の各項に $\zeta(2), \zeta(3), \cdots$ を順に掛けていったときの式が (11.4) になるということです．

これらの二つの級数 (11.3) と (11.4) を改めて眺めていると気がつかれるかもしれませんが，値が $\log 2$ と π で書かれた，やはり珍しい趣が伝わってくるような，そんな式となっています．

つぎに，二つの式 (11.3) と (11.4) を導いてみましょう．

先に $\psi\left(\frac{1}{4}\right)$ および $\psi\left(\frac{3}{4}\right)$ の値を求めることにします．そのためには，ディガンマ関数の相補公式およびディガンマ関数の 2 倍公式を用いることになります．すなわち二つの式に $x = \frac{1}{4}$ とおけば，それぞれ

$$\psi\left(\frac{3}{4}\right) - \psi\left(\frac{1}{4}\right) = \pi$$
$$2\psi\left(\frac{1}{2}\right) = 2\log 2 + \psi\left(\frac{1}{4}\right) + \psi\left(\frac{3}{4}\right)$$

となります．ここで $\psi\left(\frac{1}{2}\right) = -2\log 2 - \gamma$ を用いると，$\psi\left(\frac{1}{4}\right)$ と $\psi\left(\frac{3}{4}\right)$ を未知数とする簡単な連立方程式を解く要領により

$$\psi\left(\frac{1}{4}\right) = -\gamma - 3\log 2 - \frac{\pi}{2}$$
$$\psi\left(\frac{3}{4}\right) = -\gamma - 3\log 2 + \frac{\pi}{2}$$

が得られます．そして $\psi\left(\dfrac{1}{4}\right)$ が求められたことから，$\psi(x)$ についての漸化式からこんどは $\psi\left(\dfrac{5}{4}\right)$ の値がわかり

$$\psi\left(\frac{5}{4}\right) = 4 - \gamma - 3\log 2 - \frac{\pi}{2}$$

が得られます．他方で $\psi(x+1)$ のべき級数展開に $x = -\dfrac{1}{4}$ および $x = \dfrac{1}{4}$ を代入すれば，式はそれぞれ

$$\psi\left(\frac{3}{4}\right) = -\gamma - \frac{\zeta(2)}{4} - \frac{\zeta(3)}{4^2} - \frac{\zeta(4)}{4^3} - \frac{\zeta(5)}{4^4} - \cdots$$

$$\psi\left(\frac{5}{4}\right) = -\gamma + \frac{\zeta(2)}{4} - \frac{\zeta(3)}{4^2} + \frac{\zeta(4)}{4^3} - \frac{\zeta(5)}{4^4} + \cdots$$

となります．

こうして得られた $\psi\left(\dfrac{3}{4}\right)$ を表す二つの式から，式 (11.3) が導かれ，また $\psi\left(\dfrac{5}{4}\right)$ についての二つの式から，こんどは (11.4) が導かれるのです．

これまでの計算の過程においては，ディガンマ関数の二つの公式の活用がポイントになっています．そしてこの場合でも，やはりオイラーの定数 γ が消去されていることがわかります．

つぎに上の二つの式 (11.3) と式 (11.4) を辺々加えた式から

$$\pi = 4 - 2\left(\frac{\zeta(2)}{4} + \frac{\zeta(4)}{4^3} + \frac{\zeta(6)}{4^5} + \frac{\zeta(8)}{4^7} + \cdots\right)$$

が導かれることになります．これによって円周率 π が，ゼータ関数の正の偶数での値を用いて書き表されることがわかります．

そこで $\left(\right)$ 内の和について，初めのいくつかの項を計算してみましょう．すると右辺による数列は，順に

$$4 - 2 \cdot \frac{\zeta(2)}{4} = 3.177532\cdots$$

$$4 - 2\left(\frac{\zeta(2)}{4} + \frac{\zeta(4)}{4^3}\right) = 3.143710\cdots$$

$$4 - 2\left(\frac{\zeta(2)}{4} + \frac{\zeta(4)}{4^3} + \frac{\zeta(6)}{4^5}\right) = 3.141723\cdots$$

$$4 - 2\left(\frac{\zeta(2)}{4} + \frac{\zeta(4)}{4^3} + \frac{\zeta(6)}{4^5} + \frac{\zeta(8)}{4^7}\right) = 3.141600\cdots$$

$$4 - 2\left(\frac{\zeta(2)}{4} + \frac{\zeta(4)}{4^3} + \frac{\zeta(6)}{4^5} + \frac{\zeta(8)}{4^7} + \frac{\zeta(10)}{4^9}\right) = 3.141593\cdots$$

となっています．これにより，この数列が円周率 $\pi = 3.141592653\cdots$ に収束する様子がわかります．

　ゼータ関数の正の偶数での値そのものは π を使って書かれているので，上の式は円周率 π の値を求めるという目的に対しては，適した式とは言えないかもしれません．しかしながら，円周率 π がゼータ関数による級数の形で表され，しかもその収束が速いという点が，この式の興味深いところと言えるでしょう．

　これまでは，$\psi\left(\frac{1}{2}\right)$ と $\psi\left(\frac{3}{2}\right)$ の値をもとにして得られる級数と，$\psi\left(\frac{3}{4}\right)$ と $\psi\left(\frac{5}{4}\right)$ の値をもとにして得られる二つの級数の場合について見てきました．そこでここまで来たので，$\psi\left(\frac{2}{3}\right)$ と $\psi\left(\frac{4}{3}\right)$ の値をもとにして得られる級数についても，見ておくことにしたいと思います．計算の途中の経緯は省略しますが，このとき以下の二つの式が導かれるのです．

$$\frac{\zeta(2)}{3} + \frac{\zeta(3)}{3^2} + \frac{\zeta(4)}{3^3} + \frac{\zeta(5)}{3^4} + \frac{\zeta(6)}{3^5} + \cdots = \frac{3}{2}\log 3 - \frac{\sqrt{3}}{6}\pi$$

$$\frac{\zeta(2)}{3} - \frac{\zeta(3)}{3^2} + \frac{\zeta(4)}{3^3} - \frac{\zeta(5)}{3^4} + \frac{\zeta(6)}{3^5} - \cdots = -\frac{3}{2}\log 3 - \frac{\sqrt{3}}{6}\pi + 3$$

上の級数は正項級数であり下の級数は交代級数ですが，各項の絶対値は等しくなっています．またいずれの級数の値もこれまでの $\log 2$ に代わり，こんどは $\log 3$ および円周率 π の二つの数を用いて書かれていることがわかります．

　これらの式は，ディガンマ関数の相補公式，および前の章で述べたディガンマ関数の 3 倍公式より得られる

$$\psi\left(\frac{x}{3}\right) + \psi\left(\frac{x+1}{3}\right) + \psi\left(\frac{x+2}{3}\right) = -3\log 3 + 3\psi(x)$$

を用いて $\psi\left(\dfrac{2}{3}\right)$ と $\psi\left(\dfrac{4}{3}\right)$ の値を求めたうえで，後はこれまでと同様な方法により得られるのです．

　また，このときの級数のゼータ効果がもたらされる前の二つの無限級数は，それぞれつぎのとおりです．

$$\frac{1}{3}+\frac{1}{3^2}+\frac{1}{3^3}+\frac{1}{3^4}+\frac{1}{3^5}+\frac{1}{3^6}+\cdots=\frac{1}{2}$$

$$\frac{1}{3}-\frac{1}{3^2}+\frac{1}{3^3}-\frac{1}{3^4}+\frac{1}{3^5}-\frac{1}{3^6}+\cdots=\frac{1}{4}$$

つぎに，上で挙げた初項が $\dfrac{\zeta(2)}{3}$ の二つの級数の和もしくは差をとった場合には，それぞれ以下の級数が現れます．

$$\frac{\zeta(2)}{3}+\frac{\zeta(4)}{3^3}+\frac{\zeta(6)}{3^5}+\frac{\zeta(8)}{3^7}+\frac{\zeta(10)}{3^9}+\cdots=\frac{3}{2}-\frac{\sqrt{3}}{6}\pi$$

$$\frac{\zeta(3)}{3^2}+\frac{\zeta(5)}{3^4}+\frac{\zeta(7)}{3^6}+\frac{\zeta(9)}{3^8}+\frac{\zeta(11)}{3^{10}}+\cdots=\frac{3}{2}\log 3-\frac{3}{2}$$

初めの級数の各項について，分母は 3 の奇数べきで分子はゼータ関数の正の偶数での値からなっています．また値は円周率 π で表されます．これに対して後の級数の各項について，分母は 3 の偶数べきで分子はゼータ関数の正の奇数での値からなっています．そして値は自然対数 $\log 3$ で表されています．このようなことから，二つの級数はまるで対称的に書かれていると言えるのです．

　なお，これらに対応する分子が 1 の級数は，それぞれつぎのとおりです．

$$\frac{1}{3}+\frac{1}{3^3}+\frac{1}{3^5}+\frac{1}{3^7}+\frac{1}{3^9}+\frac{1}{3^{11}}+\cdots=\frac{3}{8}$$

$$\frac{1}{3^2}+\frac{1}{3^4}+\frac{1}{3^6}+\frac{1}{3^8}+\frac{1}{3^{10}}+\frac{1}{3^{12}}+\cdots=\frac{1}{8}$$

11.3　再び二つの有名な級数について

　この節ではよく知られた二つの級数であるメルカトルの級数とライプニッツの級数について，ディガンマ関数を用いながら改めて考察をしてみた

いと思います．

ディガンマ関数 $\psi(x)$ を展開する式

$$\psi(x) = -\gamma - \frac{1}{x} + \sum_{n=1}^{\infty}\left(\frac{1}{n} - \frac{1}{x+n}\right)$$

において $x = \frac{1}{2}$ とおけば，$\psi\left(\frac{1}{2}\right)$ は

$$\psi\left(\frac{1}{2}\right) = -\gamma - 2 + 2\left\{\left(1 - \frac{2}{3}\right) + \left(\frac{1}{2} - \frac{2}{5}\right) + \left(\frac{1}{3} - \frac{2}{7}\right) + \cdots\right\}$$
$$= -\gamma - 2\left(1 - \frac{1}{2} + \frac{1}{3} - \frac{1}{4} + \frac{1}{5} - \frac{1}{6} + \cdots\right)$$

となります．また，$\psi\left(\frac{1}{2}\right)$ の値は既に見たように

$$\psi\left(\frac{1}{2}\right) = -\gamma - 2\log 2$$

となるのでした．以上の二つの式を比較して，$\log 2$ は

$$\log 2 = 1 - \frac{1}{2} + \frac{1}{3} - \frac{1}{4} + \frac{1}{5} - \frac{1}{6} + \cdots$$

と表されることになります．このような方法によっても，メルカトールの級数が示されます．

つぎに，ディガンマ関数の相補公式

$$\psi(1-x) - \psi(x) = \pi\cot\pi x$$

に先程述べた $\psi(x)$ を展開する式，およびこれから得られる $\psi(1-x)$ を展開する式を適用すれば

$$\sum_{n=1}^{\infty}\left(\frac{1}{n} - \frac{1}{n-x}\right) - \sum_{n=1}^{\infty}\left(\frac{1}{n} - \frac{1}{n+x-1}\right) = \pi\cot\pi x$$

が成り立つことがわかります．

ここで，収束する二つの級数の和について，項ごとの和は二つの級数の和に等しい，ということを思い起こせば，$x = \frac{1}{4}$ とおいたときには，上の式

から

$$\sum_{n=1}^{\infty}\left(\frac{1}{n-\frac{3}{4}}-\frac{1}{n-\frac{1}{4}}\right)=\pi\cot\frac{\pi}{4}$$

となることがわかります．よってこの式を整理すれば，ライプニッツの級数

$$1-\frac{1}{3}+\frac{1}{5}-\frac{1}{7}+\frac{1}{9}-\frac{1}{11}+\cdots=\frac{\pi}{4}$$

が得られることになります．

これも，ディガンマ関数のひとつの使い途と言えるのです．

上の例では $x=\frac{1}{4}$ とおいたのでしたが，こんどは $x=\frac{1}{N},(N>2)$ とおいて同じようにして式の変形を進めていきます．すると，つぎのようなとても簡素な式が現れます．

$$1-\frac{1}{N-1}+\frac{1}{N+1}-\frac{1}{2N-1}+\frac{1}{2N+1}-\frac{1}{3N-1}+\cdots=\frac{\pi}{N}\cot\frac{\pi}{N}$$

この級数の値は，やはり円周率 π を用いて表されることがわかります．そしてライプニッツの級数は $N=4$ とおいた場合であったわけですから，今の式は，いわば同級数を一般化したときの式と言えるものです．

この式を適用したときの例を挙げておきましょう．

$N=5$ とおいた場合には

$$1-\frac{1}{4}+\frac{1}{6}-\frac{1}{9}+\frac{1}{11}-\frac{1}{14}+\cdots=\frac{(1+\sqrt{5})\cdot\pi}{5\sqrt{10-2\sqrt{5}}}$$

となります．この交代級数では，それぞれの項の分母を 5 で割ったときの余りにより符号が決まります．すなわち，余りが 1 のとき（1 mod 5）の符号はプラス，余りが 4 のとき（4 mod 5）の符号はマイナス，そのほかの項は 0 になっています．

つぎに，値が円周率 π と自然対数 $\log 2$ の二つの数によって表される無限級数について，ここで改めて見てみましょう．

前の節でも説明しましたが $\psi\left(\frac{1}{4}\right)$ は

$$\psi\left(\frac{1}{4}\right) = -\gamma - 3\log 2 - \frac{\pi}{2}$$

となるのでした．また先程のディガンマ関数 $\psi(x)$ を展開する式に $x = \dfrac{1}{4}$ とおけば

$$\psi\left(\frac{1}{4}\right) = -\gamma - 4\left(1 - \frac{1}{4} + \frac{1}{5} - \frac{1}{8} + \frac{1}{9} - \frac{1}{12} + \frac{1}{13} - \cdots\right)$$

となります．したがって，この二つの式から新たな級数

$$1 - \frac{1}{4} + \frac{1}{5} - \frac{1}{8} + \frac{1}{9} - \frac{1}{12} + \frac{1}{13} - \cdots = \frac{3}{4}\log 2 + \frac{\pi}{8}$$

が得られます．また $\psi\left(\dfrac{3}{4}\right)$ の値を表す二つの式からは，同様にして

$$\frac{1}{3} - \frac{1}{4} + \frac{1}{7} - \frac{1}{8} + \frac{1}{11} - \frac{1}{12} + \frac{1}{15} - \cdots = \frac{3}{4}\log 2 - \frac{\pi}{8}$$

が得られることになります．このようにして得られた二つの級数の値は，自然対数 $\log 2$ および円周率 π の二つの数を用いて表されています．今まで $\log 2$ で書かれるメルカトールの級数や π で書かれるライプニッツの級数を見てきた私達にとって，値がこのように書かれるということはとても不思議な感じがします．

なお二つの級数の差をとったときには $\dfrac{3}{4}\log 2$ が打ち消されて，ライプニッツの級数が示されることが確かめられます．ただしこれまでのように級数の和，または差をとる際には，第 2 章で述べた定理（収束する二つの級数）によりますが，この場合，項の順序について注意が必要となります．

さらに，値が π と $\log 2$ で書かれるつぎのような二つの級数が成り立ちます．

$$1 - \frac{1}{2} + \frac{1}{5} - \frac{1}{6} + \frac{1}{9} - \frac{1}{10} + \frac{1}{13} - \cdots = \frac{\pi}{8} + \frac{1}{4}\log 2$$
$$\frac{1}{2} - \frac{1}{3} + \frac{1}{6} - \frac{1}{7} + \frac{1}{10} - \frac{1}{11} + \frac{1}{14} - \cdots = \frac{\pi}{8} - \frac{1}{4}\log 2$$

この二つの級数の和をとれば，こんどは $\dfrac{1}{4}\log 2$ が打消されて，やはりライプニッツの級数が得られます．

これまでに，べきが 1 のさまざまな級数について述べてきました．この章の最後に，分母に自然数が順に現れるおなじみのメルカトールの級数に加え，他の二つの級数を挙げておきたいと思います．

$$1 - \frac{1}{2} + \frac{1}{3} - \frac{1}{4} + \frac{1}{5} - \frac{1}{6} + \frac{1}{7} - \frac{1}{8} + \cdots = \log 2$$

$$1 + \frac{1}{2} - \frac{1}{3} - \frac{1}{4} + \frac{1}{5} + \frac{1}{6} - \frac{1}{7} - \frac{1}{8} + \cdots = \frac{\pi}{4} + \frac{1}{2}\log 2$$

$$1 - \frac{1}{2} - \frac{1}{3} + \frac{1}{4} + \frac{1}{5} - \frac{1}{6} - \frac{1}{7} + \frac{1}{8} + \cdots = \frac{\pi}{4} - \frac{1}{2}\log 2$$

メルカトールの級数は項の符号が順に $+-+-+-+-+\cdots$ となっている交代級数であり，値は $\log 2$ で表されるのでした．しかし二番目の級数の場合では，項の符号は順に $++--++--++-\cdots$ となっていて，値は π と $\log 2$ の二つの数で表されるのです．また三番目の級数の符号は $+--++--++--\cdots$ となっていて，値はやはり π と $\log 2$ の二つの数で表されます．このように比較しながら見てくると，三つの式からはとてもエキゾチックな雰囲気が伝わってくるようです．

ライプニッツの級数は，奇数を分母とする交代級数でした．これに対して，メルカトールの級数に $\frac{1}{2}$ を乗じたときの級数

$$\frac{1}{2} - \frac{1}{4} + \frac{1}{6} - \frac{1}{8} + \frac{1}{10} - \frac{1}{12} + \frac{1}{14} - \cdots = \frac{1}{2}\log 2$$

は偶数を分母とする交代級数です．この二つの級数の和もしくは差をとったときには，上で挙げた値が $\frac{\pi}{4} + \frac{1}{2}\log 2$ となる，または $\frac{\pi}{4} - \frac{1}{2}\log 2$ となる級数が現れるのです．

このように見てくると，昔からよく知られ生まれが異なる二つの有名な無限級数であるライプニッツの級数とメルカトールの級数には，ちゃんと仲間となる級数がいるということになるのです．そして，これらの級数によって，二つの級数は友人としてしっかりと結ばれていると言えるのです．

第12章

オイラーの定数とゼータ関数

12.1 ゼータ関数が表すオイラーの定数 γ

オイラーの定数 γ とゼータ関数 $\zeta(s)$ との間には，実は深いつながりがあるのです．本章においてはこの点についての考察をしていきたいと思います．実際のところ，オイラーの定数はゼータ関数なくしては語ることができない，と言っても過言ではないのです．またそのようななかで，新たな数との出会いがあることにもなるのです．

オイラーの定数 γ は，ゼータ関数による交代級数

$$\gamma = \frac{1}{2}\zeta(2) - \frac{1}{3}\zeta(3) + \frac{1}{4}\zeta(4) - \frac{1}{5}\zeta(5) + \frac{1}{6}\zeta(6) - \cdots$$

で書き表されます．

この美しい式は，オイラー自身によるものです．そしてご覧のとおり，級数にはゼータ関数の正の整数での値が順に現れて，とても綺麗に書かれ，また不思議さが伝わってくるかのように思われます．

上の交代級数は，つぎのようにして示されます．

定義によりオイラーの定数 γ は

$$\gamma = \lim_{n \to \infty} \left(\sum_{m=1}^{n} \frac{1}{m} - \log n \right)$$

と表されました．右辺のカッコ内の $\log n$ について

$$\log n = \log \frac{2}{1} + \log \frac{3}{2} + \log \frac{4}{3} + \cdots + \log \frac{n}{n-1}$$
$$= \sum_{m=1}^{n-1} \log \frac{m+1}{m} = \sum_{m=1}^{n-1} \log \left(1 + \frac{1}{m}\right)$$

ですから，元の式に戻ると γ は

$$\gamma = \lim_{n\to\infty} \left(\sum_{m=1}^{n} \frac{1}{m} - \sum_{m=1}^{n-1} \log\left(1+\frac{1}{m}\right) \right)$$
$$= \lim_{n\to\infty} \sum_{m=1}^{n-1} \left(\frac{1}{m} - \log\left(1+\frac{1}{m}\right) + \frac{1}{n} \right)$$
$$= \sum_{m=1}^{\infty} \left(\frac{1}{m} - \log\left(1+\frac{1}{m}\right) \right)$$

となります．この式はガンマ関数についてのワイヤシュトラスの積表示からも導かれるのですが，これについては第 10 章で見たところです．

ここでテイラー展開

$$\log\left(1+\frac{1}{m}\right) = \frac{1}{m} - \frac{1}{2m^2} + \frac{1}{3m^3} - \frac{1}{4m^4} + \cdots$$

を適用すると，オイラーの定数は

$$\gamma = \sum_{m=1}^{\infty} \left(\frac{1}{2m^2} - \frac{1}{3m^3} + \frac{1}{4m^4} - \frac{1}{5m^5} + \frac{1}{6m^6} - \cdots \right)$$
$$= \sum_{m=1}^{\infty} \sum_{k=2}^{\infty} \frac{(-1)^k}{km^k} = \sum_{k=2}^{\infty} \sum_{m=1}^{\infty} \frac{(-1)^k}{km^k} = \sum_{k=2}^{\infty} \left(\frac{(-1)^k}{k} \sum_{m=1}^{\infty} \frac{1}{m^k} \right)$$

となります．以上により，最初に挙げた式が示されることになります．

ところで突然ですが，メルカトールの級数をつぎのように書き換えてみます．

$$\frac{1}{2} - \frac{1}{3} + \frac{1}{4} - \frac{1}{5} + \frac{1}{6} - \frac{1}{7} + \cdots = 1 - \log 2$$

すると，この左辺の項 $\frac{1}{n}$ に $\zeta(n)$ を乗じていったときにできる新たな級数が，実は冒頭に挙げた式になるわけです．このときの値は $1 - \log 2$ から姿が変わり，オイラーの定数 γ になっています．すなわち，ここでも級数のゼータ効果が現れているのです．

さらにオイラーの定数 γ は，やはりゼータ関数を用いて

$$1 - \gamma = \frac{1}{2}\bigl(\zeta(2) - 1\bigr) + \frac{1}{3}\bigl(\zeta(3) - 1\bigr) + \frac{1}{4}\bigl(\zeta(4) - 1\bigr) + \frac{1}{5}\bigl(\zeta(5) - 1\bigr) + \cdots$$
$$(*)$$

と書き表されます．この式もやはりオイラーによるものです．

先程見たように

$$\log n = \sum_{m=1}^{n-1} \log \frac{m+1}{m} = \sum_{m=2}^{n} \log \frac{m}{m-1}$$

で書かれるのでした．これを用いて，オイラーの定数 γ は

$$\begin{aligned}\gamma &= \lim_{n\to\infty}\Bigl(\sum_{m=1}^{n}\frac{1}{m} - \sum_{m=2}^{n}\log\frac{m}{m-1}\Bigr)\\ &= 1 + \lim_{n\to\infty}\sum_{m=2}^{n}\Bigl(\frac{1}{m} - \log\frac{m}{m-1}\Bigr)\\ &= 1 + \sum_{m=2}^{\infty}\Bigl(\frac{1}{m} + \log\Bigl(1 - \frac{1}{m}\Bigr)\Bigr)\\ &= 1 - \sum_{m=2}^{\infty}\sum_{k=2}^{\infty}\frac{1}{km^k} = 1 - \sum_{k=2}^{\infty}\sum_{m=2}^{\infty}\frac{1}{km^k}\\ &= 1 - \sum_{k=2}^{\infty}\Bigl(\frac{1}{k}\sum_{m=2}^{\infty}\frac{1}{m^k}\Bigr) = 1 - \sum_{k=2}^{\infty}\frac{1}{k}\bigl(\zeta(k) - 1\bigr)\end{aligned}$$

と表されることが示されます．ここでは途中で，テイラー展開

$$\log\Bigl(1 - \frac{1}{m}\Bigr) = -\frac{1}{m} - \frac{1}{2m^2} - \frac{1}{3m^3} - \frac{1}{4m^4} - \cdots$$

を適用しています．

この式 $(*)$ で見られる $\zeta(2) - 1$, $\zeta(3) - 1$, $\zeta(4) - 1$, …… は，それぞれのゼータ関数の値から第1項である1を引いた数，すなわち小数部分のことです．

そのほかにも，オイラーの定数 γ は，ゼータ関数の値を項とするつぎの無限級数によっても表されます．

$$\gamma = \log \pi - \left(\frac{\zeta(2)}{2\cdot 2} + \frac{\zeta(3)}{2^2 \cdot 3} + \frac{\zeta(4)}{2^3 \cdot 4} + \frac{\zeta(5)}{2^4 \cdot 5} + \cdots \right)$$

$$\gamma = \log 2 - \left(\frac{\zeta(3)}{2^2 \cdot 3} + \frac{\zeta(5)}{2^4 \cdot 5} + \frac{\zeta(7)}{2^6 \cdot 7} + \frac{\zeta(9)}{2^8 \cdot 9} + \cdots \right)$$

このなかで初めの級数の第 1 項は $\log \pi$ で,第 2 項以降はゼータ関数の整数での値で書かれるのに対して,後の級数の第 1 項は $\log 2$ で,第 2 項以降はゼータ関数の奇数での値で書かれていることがわかります.これらの級数について,詳しくは次の第 13 章を参照願います.

このように見てくると,オイラーの定数 γ はゼータ関数の整数での値を項とする無限級数によって,さまざまな形で表されるということがわかります.

12.2 ゼータ関数の小数部分の秘密

式 (∗) の項で見られる $\zeta(2)-1$, $\zeta(3)-1$, $\zeta(4)-1$, ……は,それぞれのゼータ関数の値の小数部分のことですが,ここでは,この値について改めて探ってみたいと思います.

値を少し並べて書けば

$$\zeta(2) - 1 = 0.644934066\cdots$$
$$\zeta(3) - 1 = 0.202056903\cdots$$
$$\zeta(4) - 1 = 0.082323234\cdots$$
$$\zeta(5) - 1 = 0.036927755\cdots$$
$$\zeta(6) - 1 = 0.017343062\cdots$$
$$\zeta(7) - 1 = 0.008349277\cdots$$

などとなっています.$\zeta(m)-1, (m=2,3,4,\cdots)$ について,m が大きくなれば,その値は当然のことですが小さくなります.また前の章でもふれたように,数字の並びは複雑であり,意味があるようには思われません.しかしよく調べてみると,意外なことが潜んでいるということがわかってくるのです.

12.2 ゼータ関数の小数部分の秘密

まずこのゼータ関数の小数部分に関しては，不等式

$$\zeta(m) - 1 \leq \frac{1}{2^{m-2}}\Big(\zeta(2) - 1\Big)$$

が成立します（ただし等号は $m=2$ のとき）．

この不等式の左辺は

$$\zeta(m) - 1 = \frac{1}{2^2 \cdot 2^{m-2}} + \frac{1}{3^2 \cdot 3^{m-2}} + \frac{1}{4^2 \cdot 4^{m-2}} + \frac{1}{5^2 \cdot 5^{m-2}} + \cdots$$

となるのに対して，右辺は

$$\frac{1}{2^{m-2}}\Big(\zeta(2) - 1\Big) = \frac{1}{2^2 \cdot 2^{m-2}} + \frac{1}{3^2 \cdot 2^{m-2}} + \frac{1}{4^2 \cdot 2^{m-2}} + \frac{1}{5^2 \cdot 2^{m-2}} + \cdots$$

となることにより，両辺のそれぞれの項を比較して不等式の成り立つことがわかります．

やや唐突になるかもしれませんが，$\zeta(2)-1$, $\zeta(3)-1$, $\zeta(4)-1$, $\cdots$ を順に足し合わせていったとき，値はどんな数になるのでしょうか．この問題について少し考えてみましょう．

まず上の不等式に関し，$m = 2, 3, 4, \cdots$ の場合の和をとれば

$$\sum_{m=2}^{\infty}\Big(\zeta(m) - 1\Big) < \sum_{m=2}^{\infty}\frac{1}{2^{m-2}}\Big(\zeta(2) - 1\Big)$$

が成り立つのですが，このときの右辺は

$$= \left(1 + \frac{1}{2} + \frac{1}{2^2} + \frac{1}{2^3} + \cdots\right)\Big(\zeta(2) - 1\Big) = 2\Big(\zeta(2) - 1\Big) = 1.289\cdots$$

となります．したがって $\sum_{m=2}^{\infty}\Big(\zeta(m) - 1\Big)$ は $1.289\cdots$ 未満となり，これにより絶対収束する級数であることがわかります．

つぎに，この級数の値について少し計算をしてみることにしましょう．すると，例えば $\zeta(7)-1$ までを足し合わせると $0.991934\cdots$ となり，また $\zeta(10)-1$ までを足し合わせると $0.999014\cdots$ となることがわかります．このように見てくると，どこまでも足していった場合には，値は 1 になるの

でないかと想像されます．つまり，以下の式の成り立つことが予想されるのです．

$$\bigl(\zeta(2)-1\bigr)+\bigl(\zeta(3)-1\bigr)+\bigl(\zeta(4)-1\bigr)+\bigl(\zeta(5)-1\bigr)+\cdots=1 \quad (**)$$

そこで以下において，この式が正しいことを確かめてみましょう．

上述のとおり $\sum_{m=2}^{\infty}\bigl(\zeta(m)-1\bigr)$ は絶対収束する級数です．それゆえ，途中で和の順序を変えることにより

$$\bigl(\zeta(2)-1\bigr)+\bigl(\zeta(3)-1\bigr)+\bigl(\zeta(4)-1\bigr)+\bigl(\zeta(5)-1\bigr)+\cdots$$
$$=\sum_{n=2}^{\infty}\frac{1}{n^2}+\sum_{n=2}^{\infty}\frac{1}{n^3}+\sum_{n=2}^{\infty}\frac{1}{n^4}+\cdots=\sum_{n=2}^{\infty}\left(\frac{1}{n^2}+\frac{1}{n^3}+\frac{1}{n^4}+\cdots\right)$$
$$=\sum_{n=2}^{\infty}\frac{1}{n^2}\frac{1}{1-\frac{1}{n}}=\sum_{n=2}^{\infty}\left(\frac{1}{n-1}-\frac{1}{n}\right)=\sum_{n=1}^{\infty}\left(\frac{1}{n}-\frac{1}{n+1}\right)=1$$

となります．最後の式において値がちょうど 1 となることは，第 9 章において見たところです．これにより，予想された式の成り立つことが示されました．

ところで，ゼータ関数の小数部分からなる二つの無限級数，$(*)$ と $(**)$ の差をとれば，やはりオイラーの定数 γ をゼータ関数を用いて表した式

$$\gamma=\frac{1}{2}\bigl(\zeta(2)-1\bigr)+\frac{2}{3}\bigl(\zeta(3)-1\bigr)+\frac{3}{4}\bigl(\zeta(4)-1\bigr)+\frac{4}{5}\bigl(\zeta(5)-1\bigr)+\cdots$$
$$(***)$$

が得られます．

ここでもまた，ゼータ関数の第 2 項以降の無限和を項とする級数が見られるのです．そして，これもまた綺麗に書かれた美しい式となっています．

実際に，右辺について

$$b_n=\frac{1}{2}\bigl(\zeta(2)-1\bigr)+\frac{2}{3}\bigl(\zeta(3)-1\bigr)+\cdots+\frac{n}{n+1}\bigl(\zeta(n+1)-1\bigr)$$

とおいたときの数列 $\{b_n\}$ について，最初のいくつかの項 $b_1,b_2,b_3,\cdots$ を小

数点以下 5 桁までを書けば

0.32246, 0.45717, 0.51891, 0.54845, 0.56290, 0.57006,
0.57363, 0.57541, 0.57631, 0.57676, 0.57698, 0.57710, ...

となります．これにより，数列はオイラーの定数に収束する，という様子を読み取ることができます．なお復習になりますが，オイラーの定数は $\gamma = 0.57721\cdots$ となるのでした．

ここで，これまでに見てきたことをまとめてみましょう．

式 (**) により，2 以上の正の整数に対するゼータ関数について，第 2 項以降を順に足し合わせていったときにできる新たな級数の値は，ちょうど 1 となることがわかりました．$\zeta(2) = 1.644934\cdots$，$\zeta(3) = 1.202056\cdots$ など，整数でのゼータ関数の値の複雑な数字の並びを考えるとき，このように級数の値がぴったり 1 となることは神秘的であり，またとても不思議なことでもあります．

つぎに，この級数のそれぞれの項に順に係数 $\frac{1}{2}, \frac{2}{3}, \frac{3}{4}, \frac{4}{5}, \cdots$ を掛けていった場合にできる級数を考えます．実はこのときの値は式 (***) で見たとおりであり，こんどはオイラーの定数 γ にぴったり等しくなるのです．ゼータ関数の小数部分に順に $\frac{n}{n+1}$ を掛けてから足していくため，値は 1 より小さくなるのは当然ですが，それがちょうど $\gamma = 0.57721\cdots$ に等しくなるのです．このようにオイラーの定数が突然現れることには驚かされるのですが，これもまたとても不思議に思われます．

なお，今述べた無限級数 $\sum_{m=2}^{\infty}(\zeta(m) - 1) = 1$ について，m が偶数と奇数の二つの場合に分けたときには，それぞれの値はどうなるのでしょうか．実は m が偶数のときには $\frac{3}{4}$ となり，また奇数のときには $\frac{1}{4}$ となるのです．

$$\bigl(\zeta(2) - 1\bigr) + \bigl(\zeta(4) - 1\bigr) + \bigl(\zeta(6) - 1\bigr) + \bigl(\zeta(8) - 1\bigr) + \cdots = \frac{3}{4}$$

$$\bigl(\zeta(3) - 1\bigr) + \bigl(\zeta(5) - 1\bigr) + \bigl(\zeta(7) - 1\bigr) + \bigl(\zeta(9) - 1\bigr) + \cdots = \frac{1}{4}$$

これについては，これまでと同様な方法により確かめられます．このように

各級数の和が簡単な分数で表され,しかもシンプルな比である 3 : 1 となっているのですが,考えてみればこれもまた不思議なことです.

今の二つの級数について,項別に差をとっていきます.すると,二つのゼータ関数の組み合わせを項とする無限級数

$$\bigl(\zeta(2)-\zeta(3)\bigr)+\bigl(\zeta(4)-\zeta(5)\bigr)+\bigl(\zeta(6)-\zeta(7)\bigr)+\bigl(\zeta(8)-\zeta(9)\bigr)+\cdots=\frac{1}{2}$$

の成り立つことが示されます.ここには,ゼータの値 $\zeta(2),\zeta(3),\zeta(4),\cdots$ が順に並んだ珍しい級数が現れるのですが,このときの値はシンプルな数 $\frac{1}{2}$ であり,とても美しい式となっています.試しに,カッコでくくった第 1 項,第 2 項までの和,第 3 項までの和,$\cdots$ を小数点以下 5 桁まで計算してみると

0.44287, 0.48827, 0.49726, 0.49828, 0.49878, 0.49890, $\cdots$

と続きます.

さらに,この級数の各項における $\zeta(n)$ に $\frac{1}{n}$ を乗じていったときにできるのが,最初に挙げたオイラーの定数 γ を表す級数

$$\left(\frac{1}{2}\zeta(2)-\frac{1}{3}\zeta(3)\right)+\left(\frac{1}{4}\zeta(4)-\frac{1}{5}\zeta(5)\right)+\left(\frac{1}{6}\zeta(6)-\frac{1}{7}\zeta(7)\right)+\cdots=\gamma$$

になるのです.ただし今の場合,カッコを外すことが許されます.

それにしても,もとの級数の $S=\frac{1}{2}$ に対し,$S_\zeta=\gamma,(=0.5772\cdots)$ となるところが不思議に思われます.

こんどは二つの級数について,$(\zeta(2)-1)$ をそのままに,ほかの項について項別に差をとった場合を見てみます.すると,以下の式が成り立つことがわかります.

$$\zeta(2)-\bigl(\zeta(3)-\zeta(4)\bigr)-\bigl(\zeta(5)-\zeta(6)\bigr)-\bigl(\zeta(7)-\zeta(8)\bigr)-\cdots=\frac{3}{2}$$

これもゼータの値 $\zeta(2),\zeta(3),\zeta(4),\cdots$ が順に並び値がシンプルな数 $\frac{3}{2}$ となる,綺麗な式となっています.

12.2 ゼータ関数の小数部分の秘密

ここでつぎの級数について考えてみましょう．

$$\zeta(2) - \zeta(3) + \zeta(4) - \zeta(5) + \zeta(6) - \zeta(7) + \zeta(8) - \zeta(9) + \cdots$$

この級数の $\zeta(2k+1), (k = 1, 2, \cdots)$ までの部分和 $a_k = \sum_{n=2}^{2k+1}(-1)^n \zeta(n)$ を一般項とする数列 $\{a_k\}$ は，$k \to \infty$ のとき

$$\lim_{k \to \infty} \sum_{n=2}^{2k+1} (-1)^n \zeta(n) = \frac{1}{2}$$

となり，また $\zeta(2k)$ までの部分和 $b_k = \sum_{n=2}^{2k}(-1)^n\zeta(n)$ を一般項とする数列 $\{b_k\}$ は，$k \to \infty$ のとき

$$\lim_{k \to \infty} \sum_{n=2}^{2k} (-1)^n \zeta(n) = \frac{3}{2}$$

となるのです．ゼータ関数の値がつくる $\frac{1}{2}$ または $\frac{3}{2}$ となる二つの級数が成り立つことは，このように部分和がなす数列が収束することを示しています．

話は変わりますが，1 と −1 がつくる二つの級数

$$(1-1) + (1-1) + (1-1) + (1-1) + \cdots = 0$$
$$1 - (1-1) - (1-1) - (1-1) - (1-1) - \cdots = 1$$

は，カッコの取り方によって結果が違ってくる場合の例として引合いに出されることがあります．（すなわち，カッコの無い級数

$$1 - 1 + 1 - 1 + 1 - 1 + 1 - 1 + 1 - 1 + \cdots$$

は収束しないわけです．）これらの二つの式 S に，級数のゼータ効果がもたらされたときに二つの級数 S_ζ が現れて．それぞれの値が 0 から $\frac{1}{2}$ へと，または 1 から $\frac{3}{2}$ へと変わることになるのです．このとき，いずれの場合についても．値はちょうど $\frac{1}{2}$ だけ大きくなっているところが，何とも絶妙と言

えるようです．

　改めて，ふり返ってみましょう．

　これまでに見てきた級数は，いずれも 2 以上の整数でのゼータ関数の値が一致協力することにより素晴らしい作品となって，私たちを大いに楽しませてくれるのです．そして，これらの級数を鑑賞していると，ここでもゼータ関数とオイラーの定数がなす魅力と，不思議な雰囲気が伝わってくるように思われます．

12.3　オイラーの定数とゼータ関数の関係

　前の節にひき続いて，オイラーの定数とゼータ関数の関係について，視点を変えて探ってみたいと思います．すなわちここでは少し掘り下げて考え，解析的な面からも見ていくことにします．

　$s \to 1$ としたときには，$\zeta(s)$ および $\dfrac{1}{s-1}$ はいずれも無限大となり発散します．ところがこれらの二つの差をとり，同じように $s \to 1$ とした場合にはどのようになるのでしょうか．実はこのとき，つぎの極限が成り立つのです．

$$\lim_{s \to 1} \left(\zeta(s) - \frac{1}{s-1} \right) = \gamma$$

すなわち極限値は，ぴったりオイラーの定数 γ に等しくなるのです．

　ここで思い出されるのが，$n \to \infty$ のとき，同じように無限大となる二つの関数 $1 + \dfrac{1}{2} + \dfrac{1}{3} + \cdots + \dfrac{1}{n}$ と $\log n$ についてその差をとり，$n \to \infty$ としたときの極限である γ の定義式ですね．

　そこで，上の式が成り立つことを確かめてみましょう．

　今の場合には，オイラーの和公式を用いることにしますが，ここでは第 9 章で述べた式，すなわち和について $n = 1$ からとったときの

$$\sum_{n=1}^{N} f(n) = \int_{1}^{N} f(x)dx + \frac{1}{2}\Big(f(1) + f(N)\Big) + \int_{1}^{N} \left(x - [x] - \frac{1}{2}\right) f'(x)dx$$

をもとにして話を進めます．

$f(n) = \dfrac{1}{n^s}, (s > 1)$ とすると $f(x) = \dfrac{1}{x^s}$, $f'(x) = -\dfrac{s}{x^{s+1}}$ となるので，上の公式を適用すれば

$$\sum_{n=1}^{N} \frac{1}{n^s} = \int_1^N \frac{1}{x^s} dx - s \int_1^N \frac{x - [x] - \dfrac{1}{2}}{x^{s+1}} dx + \frac{1}{2}\left(1 + \frac{1}{N^s}\right)$$

が得られます．そこで $N \to \infty$ とすると

$$\sum_{n=1}^{\infty} \frac{1}{n^s} = \int_1^\infty \frac{1}{x^s} dx - s \int_1^\infty \frac{x - [x] - \dfrac{1}{2}}{x^{s+1}} dx + \frac{1}{2}$$

となるのですが

$$\int_1^\infty \frac{1}{x^s} dx = \frac{1}{s-1}$$

ですから

$$\zeta(s) = \frac{1}{s-1} - s \int_1^\infty \frac{x - [x] - \dfrac{1}{2}}{x^{s+1}} dx + \frac{1}{2}$$

となります．したがって，右辺の最初の項を移行して $s \to 1$ とする極限をとれば

$$\lim_{s \to 1}\left(\zeta(s) - \frac{1}{s-1}\right) = -\int_1^\infty \frac{x - [x] - \dfrac{1}{2}}{x^2} dx + \frac{1}{2}$$

となるのですが，この右辺はさらに

$$= -\int_1^\infty \frac{x - [x]}{x^2} dx + \frac{1}{2}\int_1^\infty \frac{1}{x^2} dx + \frac{1}{2} = 1 - \int_1^\infty \frac{x - [x]}{x^2} dx$$

と式変形されることがわかります．

ところでオイラーの定数 γ については，第9章において見たように積分

$$\gamma = 1 - \int_1^\infty \frac{x - [x]}{x^2} dx$$

で表されるのでした．

以上の二つの式から，最初に挙げた式の成り立つことが示されました．

ここで関数 $f(s)$ を

$$f(s) = \zeta(s) - \frac{1}{s-1}, \quad (s > 1)$$

とおいたときの，$f(s)$ がとる値について調べてみます．

はじめに前述のとおり

$$\lim_{s \to 1} f(s) = \gamma$$

となるのでした．つぎに主な整数での値を計算すると

$$f(2) = 0.644934\cdots$$
$$f(3) = 0.702056\cdots$$
$$f(5) = 0.786927\cdots$$
$$f(10) = 0.889883\cdots$$
$$f(20) = 0.947369\cdots$$

などとなり，関数の値の推移する様子がわかります．そして $\lim_{s \to \infty} \zeta(s) = 1$ であることから，$s \to \infty$ のときには

$$\lim_{s \to \infty} \left(\zeta(s) - \frac{1}{s-1} \right) = 1$$

となることが確かめられます．

12.4 複素関数のなかでは

オイラーの定数 γ は定義により

$$\gamma = \lim_{n \to \infty} \left(\sum_{k=1}^{n} \frac{1}{k} - \int_1^n \frac{1}{x} dx \right)$$

と書かれるのでした．すなわち γ は関数 $f(x) = \dfrac{1}{x}$ とおいたとき，$f(k)$ についての和と $f(x)$ についての積分の差をとり，その極限値を表した数と言えるのです．

つぎにここで新たに導入される**スティルチェス定数** γ_m (Stieltjes constants) は，同じように関数 $g(x) = \dfrac{(\log x)^m}{x}$ とおいたとき，$g(k)$ についての和と $g(x)$ についての積分の差について，その極限値で定められる数のことです．すなわち式では

$$\gamma_m = \lim_{n\to\infty} \left(\sum_{k=1}^{n} \frac{(\log k)^m}{k} - \int_1^n \frac{(\log x)^m}{x} dx \right)$$

と表されます．右辺の積分は

$$\int_1^n \frac{(\log x)^m}{x} dx = \frac{1}{m+1} \Big[(\log x)^{m+1} \Big]_1^n = \frac{(\log n)^{m+1}}{m+1}$$

ですから

$$\gamma_m = \lim_{n\to\infty} \left(\sum_{k=1}^{n} \frac{(\log k)^m}{k} - \frac{(\log n)^{m+1}}{m+1} \right)$$

となることがわかります．

複素関数であるゼータ関数 $\zeta(s)$ は $s = 1$ のまわりで

$$\zeta(s) = \frac{1}{s-1} + \sum_{m=0}^{\infty} \frac{(-1)^m}{m!} \gamma_m (s-1)^m$$

と級数展開されますが，この式は $\zeta(s)$ の**ローラン展開** (Laurent expansion) と呼ばれています．テイラー展開とは異なり，右辺には第 1 項として極と呼ばれる発散する項 $\dfrac{1}{s-1}$ が含まれているのですが，このような式をローラン展開と呼んでいるのです．そして，ここで使われている γ_m が，今述べたところのスティルチェス定数です．なおここでの変数 s は複素数であり，$\zeta(s)$ は複素関数ということになります．

上の γ_m の式で $m = 0$ とすると

$$\gamma_0 = \lim_{n\to\infty} \left(\sum_{k=1}^{n} \frac{1}{k} - \log n \right)$$

となるのですが，これはオイラーの定数 γ であり，よって $\gamma_0 = \gamma$ となるこ

とがわかります．したがってゼータ関数 $\zeta(s)$ のローラン展開は，オイラーの定数 γ を用いて

$$\zeta(s) = \frac{1}{s-1} + \gamma - \frac{\gamma_1}{1!}(s-1) + \frac{\gamma_2}{2!}(s-1)^2 - \frac{\gamma_3}{3!}(s-1)^3 + \cdots$$

と書き改められます．

ところで，この式において右辺の第 1 項を移項したうえで $s \to 1$ としたときには

$$\lim_{s \to 1}\left(\gamma - \frac{\gamma_1}{1!}(s-1) + \frac{\gamma_2}{2!}(s-1)^2 - \frac{\gamma_3}{3!}(s-1)^3 + \cdots\right) = \gamma$$

ですから，前に述べたように，$\lim_{s \to 1}\left(\zeta(s) - \dfrac{1}{s-1}\right)$ はオイラーの定数 γ に等しいことが確かめられます．

なお，スティルチェス定数 γ_m の $m = 0, 1, 2, \cdots$ での値は，つぎのとおりになっています．

$$\gamma_0 = 0.577215\cdots$$
$$\gamma_1 = -0.072815\cdots$$
$$\gamma_2 = -0.009690\cdots$$
$$\gamma_3 = 0.002053\cdots$$
$$\gamma_4 = 0.002325\cdots$$
$$\cdots\cdots$$

このように，オイラーの定数はスティルチェス定数の特別な場合と言えるのです．ただしこのスティルチェス定数についても，詳しいことはまだよくはわかっていません．

複素関数のゼータ関数は $s = 1$ において極をもつ，すなわちこの点において発散するのですが，実はこの関数は解析接続されて，$s = 1$ を除いた複素全平面で定義される関数として扱われることになるのです．

リーマン（Riemann）はこのようにゼータ関数の変数 s を複素数の範囲ま

で拡大することにより，素数の分布，およびゼータ関数の零点（$\zeta(s) = 0$ となるときの s の値）などについて詳しく研究をすすめたのです．このリーマンの成果は，1859 年の論文においてまとめられているのですが，後の素数の研究などに影響を与えただけでなく，リーマン予想という新たな問題を提起することにもなったのです．

ところで複素全平面で扱われることにより，ゼータ関数は変数 s の実部が 1 より小さいときにも意味をもち，$\zeta(s)$ の値を求めることができることになります．例えば負の奇数に対しては

$$\zeta(-1) = -\frac{1}{12}, \quad \zeta(-3) = \frac{1}{120}$$

などとなることが知られています．ここでも見られるのですが，このときの値は有理数で表されることになります．また負の偶数に対しては

$$\zeta(-2) = 0, \quad \zeta(-4) = 0$$

などとなります．つまりこのときの値は 0 となるのです．

なお上で述べたリーマン予想とは，簡単に言えば，$s = -2, -4, -6, \cdots$ を除くと，$\zeta(s)$ の零点は複素数 s の実部がすべて $\frac{1}{2}$，すなわち $\Re s = \frac{1}{2}$ となる，ということを予想しているものです．コンピューターの発達によりそれらの数多くの事例が見つかっていて，反例が見いだされていないこともあり，正しいことは間違いないであろうと思われているのですが，リーマンの論文以降，160 年が経過した今でもまだ証明がされていないのです．

さらに，リーマンによる関数等式，すなわちゼータ関数，ガンマ関数によって書き表される

$$\frac{1}{\pi^{s/2}} \Gamma\left(\frac{s}{2}\right) \zeta(s) = \frac{1}{\pi^{(1-s)/2}} \Gamma\left(\frac{1-s}{2}\right) \zeta(1-s)$$

の成り立つことが知られています．この式には対称性があり，s に $1 - s$ を代入しても式は変わりません．なおこの関数等式においても，円周率 π が使われています．

第13章

$\pi, e, \gamma, \log 2$ がなす不思議な関係

13.1 神秘的な数 e^π

これまでに円周率 π とネイピアの数 e について，さまざまな観点から考察を重ねてきました．そこでこの節においては，この二つの無理数の組み合わせによる数 e^π について考察をしたいと思います．

この神秘的にさえ思われる数 e^π は意外な場面において見られるのであり，しかもとても魅力的な姿となって現れることがあるのです．

既に何度も見てきたように，ゼータ関数の $\zeta(2)$ は

$$\frac{1}{1^2}+\frac{1}{2^2}+\frac{1}{3^2}+\frac{1}{4^2}+\frac{1}{5^2}+\frac{1}{6^2}+\cdots = \frac{\pi^2}{6}$$

となる無限級数であり，値は π^2 を用いて表されるのでした．

では，この級数の各項の分母に1を足していったときには，値はどうなるのでしょうか．実はこのときにも，また美しい級数が現れるのです．

$$\frac{1}{1^2+1}+\frac{1}{2^2+1}+\frac{1}{3^2+1}+\frac{1}{4^2+1}+\cdots = -\frac{1}{2}+\frac{\pi}{2}\cdot\frac{e^\pi+e^{-\pi}}{e^\pi-e^{-\pi}}$$

二つの式を比較しながら，改めて見てみましょう．すると $\zeta(2)$ の各分母に1を加えたときには，値はまったく新しい姿に変わっていることがわかります．$e^{-\pi}$ はもちろん $\frac{1}{e^\pi}$ のことですから，値は π に加えて，e^π を用いて書き表されるのです．級数の結果がこのようになることを予測することは難しいだけでなく，とても不思議であり，何かエキゾチックな雰囲気が伝わってくるようです．

つぎに今の新しい級数を導いてみましょう．

私たちは第 4 章において，$\sin z$ および $\cos z$ は

$$\sin z = \frac{e^{iz} - e^{-iz}}{2i}, \qquad \cos z = \frac{e^{iz} + e^{-iz}}{2}$$

で表されることを見てきました．そこで複素数 z に対して，複素三角関数をこのように定義します．

ところで，$\cot z$ を部分分数に分割する式をもとにして，少し形を変えれば

$$\pi \cot \pi z = \frac{1}{z} + 2z \sum_{n=1}^{\infty} \frac{1}{z^2 - n^2}$$

が得られます．そこでこの式の左辺について

$$\cot \pi z = \frac{\cos \pi z}{\sin \pi z}$$

を使って置き換え，複素三角関数 $\sin \pi z$, $\cos \pi z$ を上の定義の式にあてはめて整理すれば

$$\sum_{n=1}^{\infty} \frac{1}{n^2 - z^2} = \frac{1}{2z^2} - \frac{\pi i}{2z} \cdot \frac{e^{i\pi z} + e^{-i\pi z}}{e^{i\pi z} - e^{-i\pi z}}$$

が導かれることになります．これで準備が整いました．

上の式の z に対して，さまざまな数を代入してみることにします．すると様変わりした，綺麗な式が現れてくることになるのです．

最初に $z = i$ とおいてみます，すると，このときには，上述の e^{π} で書かれた式が現れることになるのです．

z にそのほかの数を代入した場合についても，少し見てみましょう．$z = \dfrac{i}{2}$ とすれば

$$\sum_{n=1}^{\infty} \frac{1}{n^2 + 0.25} = -2 + \pi \cdot \frac{e^{\pi} + 1}{e^{\pi} - 1}$$

となり，今の場合は，級数の各分母に 0.25 が加算されることになります．そして，このときもシンプルで綺麗な値となっています．また $z = 2i$ とおいた場合には

$$\sum_{n=1}^{\infty} \frac{1}{n^2+4} = -\frac{1}{8} + \frac{\pi}{4} \cdot \frac{e^{2\pi}+e^{-2\pi}}{e^{2\pi}-e^{-2\pi}}$$

となり，さらに $z=3i$ とおいた場合には

$$\sum_{n=1}^{\infty} \frac{1}{n^2+9} = -\frac{1}{18} + \frac{\pi}{6} \cdot \frac{e^{3\pi}+e^{-3\pi}}{e^{3\pi}-e^{-3\pi}}$$

となります．これらの値からは，まるで $e^{2\pi}$ や $e^{3\pi}$ の花がパッと咲いたような雰囲気が伝わってきます．

そしてやや変則的ですが，$z=\dfrac{i}{\pi}$ とおいたときには

$$\sum_{n=1}^{\infty} \frac{1}{n^2+\pi^{-2}} = \frac{\pi}{e+1} \cdot \frac{\pi}{e-1}$$

となり，やはり美しい結果が現れます．これらの式の値にも突然ネイピアの数 e が現れて，左辺からは想像ができないような，簡素でかつエレガントな姿が見られることになるのです

以上の級数はいずれの場合もゼータ関数 $\zeta(2)$ から形を変えた，いわば派生して得られたときの級数と言えるのですが，このときの値の姿は大きく様変わりしており，しかも優美に書き表されることになるのです．

上で述べた $\sin z$，$\cos z$ の定義の式に戻ります．そして z に πi を代入します．すると $\sin \pi i$，$\cos \pi i$ はつぎのように e^{π} を使って書き表されます．

$$\sin \pi i = \frac{i}{2}(e^{\pi}-e^{-\pi})$$
$$\cos \pi i = \frac{1}{2}(e^{\pi}+e^{-\pi})$$

このように複素数の範囲まで拡張したときには，思いがけない姿が目の前に現れることがあるのです．

つぎは少し話題を変えます．

今テーマとなっている数 e^{π} と，e と π を入れ換えたときの π^e という数について考察してみたいと思いますが，ここでは，この二つの数の大小関係に

ついて調べてみましょう.

先に関数 $f(x) = x^{1/x}, (x > 0)$ というものについて考えます.

両辺の対数をとれば

$$\log f(x) = \frac{\log x}{x}$$

となるので，この式を x で微分をすれば

$$\frac{f'(x)}{f(x)} = \frac{1 - \log x}{x^2}$$

となります. したがって

$$f'(x) = f(x)\frac{1 - \log x}{x^2} = (1 - \log x)\frac{x^{1/x}}{x^2}$$

となることがわかります.

ここで関数 $f(x) = x^{1/x}$ の増減を調べることにします. $f'(x)$ の符号を見ると，$x^2 > 0$, $x^{1/x} > 0$ ですから $0 < x < e$ では $f'(x) > 0$ であり $f(x)$ は増加関数となります. また $x > e$ では $f'(x) < 0$ であり，$f(x)$ は減少関数となります. それゆえ $f(x)$ は，$x = e$ のときに最大値 $e^{1/e}$ をとることがわかります.

ところで二つの数は

$$\pi = 3.141592\cdots, \quad e = 2.718281\cdots$$

となるのでした. 今の場合には $\pi > e$ ですから

$$e^{1/e} > \pi^{1/\pi}$$

となります. そこで両辺を $e\pi$ 乗すれば

$$e^\pi > \pi^e$$

となり，二つの数の大小関係が明らかになります.

実際に計算をしてみると

$$e^\pi = (2.718281\cdots)^{3.141592\cdots} = 23.140692\cdots$$

$$\pi^e = (3.141592\cdots)^{2.718281\cdots} = 22.459157\cdots$$

となり，二つの数の大小関係について確認することができます．

つぎは，オイラーの定数 γ と自然対数 $\log 2$ がつくる二つの数，$\gamma^{\log 2}$ と $(\log 2)^\gamma$ について，今と同じようなことを考えてみましょう．なお，それぞれの値は

$$\gamma = 0.577215\cdots, \quad \log 2 = 0.693147\cdots$$

となるのでした．

二つの数の大小関係については，今と同様な方法によって考えることができます．すなわち $0 < x < e$ では $f(x) = x^{1/x}$ は増加関数でしたから，$\gamma < \log 2 < e$ より

$$\gamma^{1/\gamma} < (\log 2)^{1/\log 2}$$

となります．したがって両辺を $\gamma \log 2$ 乗すれば

$$\gamma^{\log 2} < (\log 2)^\gamma$$

となることがわかります．これにより，二つの数の大小関係が明らかになりました．実際に計算をしてみると

$$\gamma^{\log 2} = (0.577215\cdots)^{0.693147\cdots} = 0.683238\cdots$$
$$(\log 2)^\gamma = (0.693147\cdots)^{0.577215\cdots} = 0.809323\cdots$$

となっています．なお，このときの四つの数の大小関係はつぎのとおりです．

$$\gamma < \gamma^{\log 2} < \log 2 < (\log 2)^\gamma$$

つぎは，$\log 2$ と γ の二つの数の差をとった場合について見てみましょう．

実はこのとき以下の式が成り立つのであり，ゼータ関数の正の奇数での値を項とする無限級数によって書き表されるのです．

$$\log 2 - \gamma = \frac{\zeta(3)}{2^2 \cdot 3} + \frac{\zeta(5)}{2^4 \cdot 5} + \frac{\zeta(7)}{2^6 \cdot 7} + \frac{\zeta(9)}{2^8 \cdot 9} + \frac{\zeta(11)}{2^{10} \cdot 11} + \cdots$$

この場面において突然ゼータ関数が登場するということは，少し奇異な感がしないわけでもないのですが，これもとても不思議な感じがします．

なお詳しいことについては，後の節で説明します．

13.2 π, e, i がなすエキゾチックな世界

第4章において，円周率 π，ネイピアの数 e と虚数単位 i の関係について取り上げました．ここではもう少し深く立ち入って考えてみたいと思います．

最初に，z を複素数とした場合の数 e^z について考えることにします．あわせて n を整数としたときの数 $e^{n\pi}$ についても調べてみたいと思います．

複素数 z を $z = x + iy$ とします．このときオイラーの公式によると

$$e^z = e^{x+iy} = e^x e^{iy} = e^x(\cos y + i \sin y)$$

です．例えば

$$e^{1+\pi i} = e \cdot e^{\pi i} = e(\cos \pi + i \sin \pi) = -e$$

となります．また

$$|e^{iy}| = |\cos y + i \sin y| = \sqrt{\cos^2 y + \sin^2 y} = 1$$

ですから

$$|e^z| = |e^x e^{iy}| = |e^x| = e^x$$

となります．すなわち，e^{iy} の絶対値は1であり，また e^z の絶対値は z の実部 x をべきとする数 e^x に等しいことがわかります．

ところで $\log z$ は，極形式によりつぎのように表されます．

$$\log z = \log |z| + i(\text{Arg} z + 2n\pi), \quad (n = 0, \pm 1, \pm 2, \cdots)$$

ここで 1^i という数を
$$s^t = e^{t \log s}$$
と，上の式を用いて表せば
$$1^i = e^{i \log 1} = e^{i(\log |1| + i(2n\pi))} = e^{-2n\pi}$$
となります．なお $\mathrm{Arg}\, 1 = 0$ となることを使っています．よって 1^i の値は実数であり
$$1^i = 1, \quad e^{\pm 2\pi}, \quad e^{\pm 4\pi}, \quad e^{\pm 6\pi}, \quad \cdots$$
となるのです．極形式について，詳しくは第4章を参照してください．

つぎに，オイラーの公式において $z = \dfrac{\pi}{2}$ とおいたときには
$$e^{\pi i/2} = i$$
となります．そこで両辺の i 乗をとると
$$i^i = e^{-\pi/2} = \frac{1}{\sqrt{e^\pi}} = \frac{1}{\sqrt{23.1406926\cdots}} = 0.207879576\cdots$$
となります．これにより，i^i は実数であることがわかります．直感的にはわかりにくいかも知れませんが，とても不思議な気がします．

実際には n を整数とするとき $i = e^{(4n+1)\pi i/2}$ ですから
$$i^i = e^{-(4n+1)\pi/2}$$
となります．これにより i^i について，実数で表される値の数は無限にあることがわかります．今の例は，もちろん $n = 0$ の場合になります．

さらにこの式の対数をとり，両辺を i^2 で割れば
$$\frac{\log i}{i} = \frac{(4n+1)\pi}{2}$$
となります．ここでとくに $n = 0$ とすれば
$$\frac{\log i}{i} = \frac{\pi}{2}$$

となり，とてもエキセントリックな式が現れます．この式は虚数単位 i と円周率 π の関係を表した式ですが，とても美しい式で表されています．

複素数を扱う場合には，対数の真数は正とは限らないことに注意が必要となります．例えば $\log(-1)$ について

$$\log(-1) = \log|-1| + i(\mathrm{Arg}(-1) + 2n\pi)$$
$$= \log 1 + i(\pi + 2n\pi) = (2n+1)\pi i, \quad (n = 0, \pm 1, \pm 2, \cdots)$$

となるのですが，この場合 $n = 0$ とすれば，

$$\pi = \frac{\log(-1)}{i}$$

と表されます．これは，上で述べた $\dfrac{\log i}{i}$ についての式からも得られるものです．なおこのときの $\log(-1)$ は，主値を表すときの $\mathrm{Log}(-1)$ により書き表されることがあります．

これまでのように，実数から複素数の範囲まで拡大して考えると，いわば数学の舞台が広がり，またそれにより私達が見る光景も広がるようであり，不思議な式が現れることになって，それらを堪能できることにもなるのです．

13.3 π, e, γ, $\log 2$ の不思議な関係

ここでは四つの数，すなわち円周率 π，ネイピアの数 e，オイラーの定数 γ と自然対数 $\log 2$ の間に成り立つ関係について，さらに別の観点からも調べてみたいと思います．

実際のところ，これらの数を結ぶのは，ほかでもないゼータ関数であることがわかるのです．

テイラー展開

$$-\log(1-x) = x + \frac{x^2}{2} + \frac{x^3}{3} + \frac{x^4}{4} + \frac{x^5}{5} + \cdots, \quad (-1 \leq x < 1)$$

において $x = \dfrac{1}{2}$ を代入すると，つぎの式が得られます．

$$\log 4 - 1 = \frac{1}{2 \cdot 2} + \frac{1}{2^2 \cdot 3} + \frac{1}{2^3 \cdot 4} + \frac{1}{2^4 \cdot 5} + \frac{1}{2^5 \cdot 6} + \cdots$$

この式そのものは，$\log 4$ を無限級数で書き表したものになっています．

ところで，この右辺の級数 S の項 $\dfrac{1}{2^{n-1} \cdot n}$ に $\zeta(n)$ を掛けていったときにできる新しい級数 S_ζ は，どのような姿となるのでしょうか．

実はこのときには，級数

$$\log \pi - \gamma = \frac{\zeta(2)}{2 \cdot 2} + \frac{\zeta(3)}{2^2 \cdot 3} + \frac{\zeta(4)}{2^3 \cdot 4} + \frac{\zeta(5)}{2^4 \cdot 5} + \frac{\zeta(6)}{2^5 \cdot 6} \cdots \quad (*)$$

が現れるのです．気が付かれたかもしれませんが，ここでも級数のゼータ効果が発揮されています．級数の値には $\log 4$ と 1 に代わり，突然，自然対数 $\log \pi$ とオイラーの定数 γ が現れるのです．考えてみれば，これもまた不思議なことです．このときの値 $\log \pi - \gamma = 0.567514\cdots$ は，当然のことながらもとの級数の値 $\log 4 - 1 = 0.386294\cdots$ よりは大きくなっているわけです．

見方を変えてみましょう．すると $\log \pi$ と γ の差は，何故かゼータ関数の整数での値を項にもつ無限級数で表されることになるのです．

ここで式 $(*)$ が成り立つことを確認しておきましょう．

すでに第 10 章において，$\log \Gamma(x+1)$ について，展開式

$$\log \Gamma(x+1) = -\gamma x + \frac{\zeta(2)}{2}x^2 - \frac{\zeta(3)}{3}x^3 + \frac{\zeta(4)}{4}x^4 - \cdots, \quad (|x| < 1)$$

で表されることを見てきました．この式で $x = -\dfrac{1}{2}$ とすれば

$$\log \Gamma\left(\frac{1}{2}\right) = \frac{\gamma}{2} + \frac{\zeta(2)}{2^2 \cdot 2} + \frac{\zeta(3)}{2^3 \cdot 3} + \frac{\zeta(4)}{2^4 \cdot 4} + \frac{\zeta(5)}{2^5 \cdot 4} + \cdots$$

となります．また同じ第 10 章において，

$$\Gamma\left(\frac{1}{2}\right) = \sqrt{\pi}$$

であることが確かめられています．これを上の式に代入して $\Gamma\left(\dfrac{1}{2}\right)$ を消去

すると，今の式 $(*)$ が導かれることになります．

ところで，こんどは $\log(1+x)$ のテイラー展開

$$\log(1+x) = x - \frac{x^2}{2} + \frac{x^3}{3} - \frac{x^4}{4} + \frac{x^5}{5} + \cdots, \quad (-1 < x \leq 1)$$

において $x = \dfrac{1}{2}$ を代入すると，つぎの式が得られます．

$$1 + \log \frac{4}{9} = \frac{1}{2 \cdot 2} - \frac{1}{2^2 \cdot 3} + \frac{1}{2^3 \cdot 4} - \frac{1}{2^4 \cdot 5} + \frac{1}{2^5 \cdot 6} - \cdots$$

そして，前と同じように考えて，この右辺の項 $\dfrac{1}{2^{n-1} \cdot n}$ に $\zeta(n)$ を掛けていったときにできる新しい級数を見てみます．するとこの場合には，まさに $(*)$ の交代級数となるつぎの式が現れます．

$$\gamma + \log \frac{\pi}{4} = \frac{\zeta(2)}{2 \cdot 2} - \frac{\zeta(3)}{2^2 \cdot 3} + \frac{\zeta(4)}{2^3 \cdot 4} - \frac{\zeta(5)}{2^4 \cdot 5} + \frac{\zeta(6)}{2^5 \cdot 6} - \cdots \quad (**)$$

この新しい級数 $(**)$ の値 $\gamma + \log \dfrac{\pi}{4} = 0.335651\cdots$ は，もとの級数の値 $1 + \log \dfrac{4}{9} = 0.189069\cdots$ より大きくなっていることがわかります．

したがって，オイラーの定数 γ と，ネイピアの数 e を底とする自然対数 $\log \dfrac{\pi}{4}$ の和は，正の整数でのゼータ関数の値による交代級数で書き表されることになります．とは言っても，級数の値がこのような結果になることを予想することは，とても難しいことでしょう．

二つの式 $(*)$, $(**)$ から $\log \pi$ を消去すれば

$$\log 2 - \gamma = \frac{\zeta(3)}{2^2 \cdot 3} + \frac{\zeta(5)}{2^4 \cdot 5} + \frac{\zeta(7)}{2^6 \cdot 7} + \frac{\zeta(9)}{2^8 \cdot 9} + \frac{\zeta(11)}{2^{10} \cdot 11} + \cdots$$

となります．これにより $\log 2$ とオイラーの定数 γ の差は，正の奇数でのゼータ関数の値による無限級数で表されることになります．前の節でも，この点についてはふれたところです．

続いて二つの式 $(*)$, $(**)$ から γ を消去した場合には

$$\log \pi - \log 2 = \frac{\zeta(2)}{2 \cdot 2} + \frac{\zeta(4)}{2^3 \cdot 4} + \frac{\zeta(6)}{2^5 \cdot 6} + \frac{\zeta(8)}{2^7 \cdot 8} + \frac{\zeta(10)}{2^9 \cdot 10} + \cdots$$

となります。左辺は $\log\pi$ と $\log 2$ の差を表しているのであり、これを見る限りにおいてはゼータ関数の雰囲気は感じとれないでしょう。ところが右辺は、まさにそのゼータ関数のなす無限級数で書かれているのです。なお参考までに、このときの右辺の各項に $\zeta(n)$ を乗じる前の式は

$$2\log 2 - \log 3 = \frac{1}{2\cdot 2} + \frac{1}{2^3\cdot 4} + \frac{1}{2^5\cdot 6} + \frac{1}{2^7\cdot 8} + \frac{1}{2^9\cdot 10} + \cdots$$

となっています。

そして今得られた式からは、π を e のべき乗で表す

$$\pi = e^{\log 2 + \frac{\zeta(2)}{2\cdot 2} + \frac{\zeta(4)}{2^3\cdot 4} + \frac{\zeta(6)}{2^5\cdot 6} + \frac{\zeta(8)}{2^7\cdot 8} + \cdots} \quad (***)$$

が得られます。

さらに式 $(*)$ をもとにして、π を e のべき乗で表すもうひとつの式

$$\pi = e^{\gamma + \frac{\zeta(2)}{2\cdot 2} + \frac{\zeta(3)}{2^2\cdot 3} + \frac{\zeta(4)}{2^3\cdot 4} + \frac{\zeta(5)}{2^4\cdot 5} + \cdots}$$

が得られることにもなります。

このように、円周率 π はネイピアの数 e を底とする指数関数の値の形で書き表されるのです。いずれの式においても、べきは γ、または $\log 2$ とゼータ関数の正の整数での値を項とする無限級数で書かれることがわかります。

これまでの結果を使えば、二つの数、円周率 π とネイピアの数 e に関わる四則演算による値が、e を底とするシンプルな指数関数の形で表されることになります。ここでは $(***)$ の式をもとにして考えてみましょう。

この式におけるべきの項を $\lambda(=\log\pi)$

$$\lambda = \log 2 + \frac{\zeta(2)}{2\cdot 2} + \frac{\zeta(4)}{2^3\cdot 4} + \frac{\zeta(6)}{2^5\cdot 6} + \frac{\zeta(8)}{2^7\cdot 8} + \cdots$$

とおけば

$$\lambda = 1.144729885\cdots$$

となる定数です。これを用いると $\pi = e^\lambda$ ですから、以下のような二つの無理数 π と e による式が得られます。

13.3 $\pi, e, \gamma, \log 2$ の不思議な関係

$$\pi e = e^{\lambda+1}$$
$$\frac{\pi}{e} = e^{\lambda-1}$$
$$\pi + e = e(e^{\lambda-1} + 1)$$
$$\pi - e = e(e^{\lambda-1} - 1)$$

したがって円周率 π とネイピアの数 e の加減乗除は，このような式で書かれることがわかります．

以上での議論をもとにしながら，改めてふり返ってみたいと思います．

π, e, および γ には，それぞれ定義された式があり，$\log 2$ も含めて直接には互いに関係がないように思われるかもしれません．しかしながら実際には既に見てきたように，いわばゼータ関数の正の整数での値を介して，これらの数がいろいろな形で結ばれ，式によって表されるということになるのです．ゼータ関数がつくる級数によって結ばれるということは，いわば想像の範囲を超えており，とても神秘的に思われます．

円周率 π，ネイピアの数 e は，数論においては重要な数であることはここで改めて述べるまでもないことです．しかしこれまでの議論によれば，オイラーの定数 γ，さらには $\log 2$ も数論においては大切であり，またなかなか興味深い数であるように思われます．

この節の最後は，$\sin x$ の無限積についての話題です．
既に見たように $\sin x$ は無限積

$$\sin x = x \prod_{n=1}^{\infty} \left(1 - \frac{x^2}{n^2\pi^2}\right)$$

で表されるのでした．そしてこの式で $x = \frac{\pi}{2}$ とすれば

$$\frac{2}{\pi} = \left(1 - \frac{1}{2^2}\right)\left(1 - \frac{1}{4^2}\right)\left(1 - \frac{1}{6^2}\right)\left(1 - \frac{1}{8^2}\right)\cdots$$

となるのでした．これについては，すでに第 1 章において述べたところです．

そこで，両辺の対数をとれば

$$\log \frac{2}{\pi} = \log\left(1 - \frac{1}{2^2}\right) + \log\left(1 - \frac{1}{4^2}\right) + \log\left(1 - \frac{1}{6^2}\right) + \cdots$$

となるのですが，右辺の各項に $\log(1-x)$ のテイラー展開を適用して，式変形を進めれば

$$\pi = e^{\log 2 + \frac{\zeta(2)}{2^2} + \frac{\zeta(4)}{2 \cdot 2^4} + \frac{\zeta(6)}{3 \cdot 2^6} + \frac{\zeta(8)}{4 \cdot 2^8} + \cdots}$$

が導かれます．これは既に得られている式です．

つぎに，$\sin x$ についての無限積で $x = \dfrac{\pi}{m}, (m=2,3,4,\cdots)$ とおいたときには，同様な方法により

$$\pi = e^{\log(m \sin \frac{\pi}{m}) + \left(\frac{\zeta(2)}{m^2} + \frac{\zeta(4)}{2m^4} + \frac{\zeta(6)}{3m^6} + \frac{\zeta(8)}{4m^8} + \cdots\right)}$$

となり，これにより円周率 π を e のべきで表したときの一般的な式が得られることになります．この式のべきは，やはりゼータ関数の正の偶数での値による級数を用いて書き表されるのです．

第14章

アイゼンシュタイン級数の魅力

14.1 アイゼンシュタイン級数とは

この章では無限級数,と言ってもこれまでとは異なった形の級数となるのですが,アイゼンシュタイン級数と呼ばれる関数をテーマとして取り上げることにします.

ゼータ関数が自然数 n のべきの逆数を足していったときの無限級数であるのに対し,アイゼンシュタイン級数は,二つの数 n と m について足し合わせた和をもとにした無限級数ということになります.そしてこの級数は,これまでとは異なるさまざまな性質をもった,やはり興味深い関数のひとつと言えるのです.

例えば,このアイゼンシュタイン級数から導かれる級数のひとつに

$$\frac{1}{(e^\pi - e^{-\pi})^2} + \frac{1}{(e^{2\pi} - e^{-2\pi})^2} + \frac{1}{(e^{3\pi} - e^{-3\pi})^2} + \cdots = \frac{1}{24}\left(1 - \frac{3}{\pi}\right)$$

があります.左辺の和の分母にはネイピアの数のべき $e^{\pm n\pi}, (n = 1, 2, \cdots)$ が見られるのですが,この級数の値は円周率 π を用いたシンプルな形で書かれるのであり,とても優雅な姿の級数になっているのです.本章においてはこのように興味あふれるアイゼンシュタイン級数について,入門編から辿りながらその魅力にふれてみたいと思います.

なお,ここで扱う変数 z は複素数であり,その虚部は正,すなわち x, y を実数とし $z = x + yi$ と表したとき,y について $y = \Im z > 0$ とします.この場合 $q = e^{2\pi i z}$ とすると,q の絶対値について

$$|q| = |e^{2\pi i z}| = |e^{2\pi i(x+yi)}| = |e^{2\pi i x}e^{-2\pi y}| = e^{-2\pi y} < 1$$

となります.これによって,以降で述べる無限級数は収束するということに

なるのです．

前にも述べたのですが，$\pi \cot \pi z$ についての部分分数に分割する式はつぎのように書き表されます．

$$\pi \cot \pi z = \frac{1}{z} + \sum_{n=1}^{\infty}\left(\frac{1}{z+n} + \frac{1}{z-n}\right) = \sum_{n \in Z}\frac{1}{z+n}$$

ここで後の式における $\sum_{n \in Z}$ は n が整数の場合，すなわち $n = \cdots, -2, -1, 0, 1, 2, \cdots$ についての和を表しています．

ここで式を z について連続的に $2k-1$ 回微分すると

$$\sum_{n \in \mathbb{N}}\frac{1}{(z+n)^{2k}} = \frac{-\pi}{(2k-1)!}\frac{d^{2k-1}}{dz^{2k-1}}\cot \pi z \qquad (*)$$

となることがわかります．

ところで，既に述べたように $\sin \pi z$, $\cos \pi z$ はそれぞれ

$$\sin \pi z = \frac{e^{\pi i z} - e^{-\pi i z}}{2i}, \qquad \cos \pi z = \frac{e^{\pi i z} + e^{-\pi i z}}{2}$$

と表されるのでした．したがってこれを用いた場合には，関数 $\pi \cot \pi z$ は

$$\pi \cot \pi z = \pi \frac{\cos \pi z}{\sin \pi z} = \pi i \frac{e^{\pi i z} + e^{-\pi i z}}{e^{\pi i z} - e^{-\pi i z}} = \pi i \frac{e^{2\pi i z} + 1}{e^{2\pi i z} - 1}$$
$$= \pi i \frac{q+1}{q-1} = \pi i - \frac{2\pi i}{1-q} = \pi i - 2\pi i \sum_{n=0}^{\infty}q^n$$

となり，q の級数の形によって表されます．そこで $\pi \cot \pi z$ を表す式

$$\sum_{n \in Z}\frac{1}{z+n} = \pi i - 2\pi i \sum_{n=0}^{\infty}q^n$$

を z について連続的に $2k-1$ 回微分すると

$$\sum_{n \in \mathbb{N}}\frac{1}{(z+n)^{2k}} = \frac{(2\pi i)^{2k}}{(2k-1)!}\sum_{n=1}^{\infty}n^{2k-1}q^n \qquad (*)'$$

となります．

以上のように，$\pi\cot\pi z$ は異なる二つの級数によって書き表されることになります．またこれにより，級数 $\sum_{n\in\mathrm{N}}\dfrac{1}{(z+n)^{2k}}$ は，二つの式 $(*)$ および $(*)'$ によって書き表されることがわかります．このうちとくに後の式 $(*)'$ は，これから話を進めるうえで基本となるものです．

準備が整ったところで，アイゼンシュタイン級数の話に入っていきます．

重さ $2k$ のアイゼンシュタイン級数（Eisenstein series）$G_{2k}(z)$ は，二重級数による和の関数とし

$$G_{2k}(z) = \sum_{m=-\infty}^{\infty}\sum_{n=-\infty}^{\infty}{}' \frac{1}{(mz+n)^{2k}}$$

で表されます．和の記号 $\sum$ が二つ続いた例については，あまり見慣れないかもしれませんが．この $\sum\sum'$ は m と n についての二重に和をとったときの，ただし $(m,n)\neq(0,0)$（m と n とが同時に 0 ではない）とする場合の無限級数を表します．なおここでは m,n は自然数に限るものではなく，整数の場合の二重級数の形を成しています．

この $G_{2k}(z)$ の式は $m=0$ の場合と，そうでない場合とで二つの項に分けたとき

$$G_{2k}(z) = \sum_{n\in Z, n\neq 0}^{\infty}\frac{1}{n^{2k}} + 2\sum_{m=1}^{\infty}\sum_{n\in Z}\frac{1}{(mz+n)^{2k}}$$

となります．この式の右辺の最初の和 $\sum_{n\in Z,n\neq 0}^{\infty}\dfrac{1}{n^{2k}}$ は $2\sum_{n=1}^{\infty}\dfrac{1}{n^{2k}}$ のことであり，ゼータ関数ということになります．また後の二重の和の項については，つぎのようになります．すなわち式 $(*)'$ において z を mz とおき，m についての和をとったときの

$$\sum_{m=1}^{\infty}\sum_{n\in Z}\frac{1}{(mz+n)^{2k}} = \frac{(2\pi i)^{2k}}{(2k-1)!}\sum_{m=1}^{\infty}\sum_{n=1}^{\infty}n^{2k-1}q^{nm}$$

で表されることがわかります．

そこで $G_{2k}(z), (k\geq 2)$ の式に戻り，式の変形を進めれば

$$G_{2k}(z) = 2\sum_{n=1}^{\infty}\frac{1}{n^{2k}} + 2\frac{(2\pi i)^{2k}}{(2k-1)!}\sum_{m=1}^{\infty}\sum_{n=1}^{\infty}n^{2k-1}q^{nm}$$

$$= 2\zeta(2k) + 2\frac{(2\pi i)^{2k}}{(2k-1)!}\sum_{l=1}^{\infty}\Big(\sum_{n|l}n^{2k-1}\Big)q^l$$

$$= 2\zeta(2k) + 2\frac{(2\pi i)^{2k}}{(2k-1)!}\sum_{l=1}^{\infty}\sigma_{2k-1}(l)q^l \qquad (**)$$

が導かれることになります．この最後の式 $(**)$ が以降で議論を進めるなかにおいて，ポイントともいえる基本的な式になるのです．

ここで，2 番目の式では $nm = l$ と置き換えて，和の条件 $n \mid l$ をつけています．また記号 $\sigma_{2k-1}(l)$ については，自然数 l に対して l のすべての約数 $n(>0)$ の $2k-1$ 乗の和 $\sum_{n|l}n^{2k-1}$ を $\sigma_{2k-1}(l)$ で表しています．例えば $l=6$, $2k-1=5$ の場合では，6 の約数は $1,2,3,6$ ですから

$$\sigma_5(6) = 1^5 + 2^5 + 3^5 + 6^5 = 8052$$

となります．

ところで既に見たように，ゼータ関数 $\zeta(2k)$ は，ベルヌーイ数 B_{2m} を用いて

$$\zeta(2k) = \frac{(-1)^{k-1}(2\pi)^{2k}B_{2k}}{2(2k)!} = -\frac{(2\pi i)^{2k}B_{2k}}{2(2k)!}$$

と表されました．よって

$$(2\pi i)^{2k} = -\frac{\zeta(2k)\cdot 2(2k)!}{B_{2k}}$$

となります．それゆえ，これを式 $(**)$ に代入して整理すれば

$$G_{2k}(z) = 2\zeta(2k)\bigg(1 - \frac{4k}{B_{2k}}\sum_{n=1}^{\infty}\sigma_{2k-1}(n)q^n\bigg)$$

が得られることになります．

つぎに式 $(*)$ の式に戻り，$(*)'$ におけると同様 z を mz と置いて m についての和をとれば，アイゼンシュタイン級数 $G_{2k}(z)$ について

$$G_{2k}(z) = 2\zeta(2k) - \frac{2\pi}{(2k-1)!}\sum_{m=1}^{\infty}\frac{d^{2k-1}}{dt^{2k-1}}\cot\pi t\,|_{t=mz} \qquad (***)$$

が成り立つことがわかります．なお連続的に $2k-1$ 回の微分をした後に，z に m を乗じ，m についての和をとった式なので，微分する項 $\cot \pi t$ についてこのような表示にしてあります．

　保型形式というものについて，少し述べておくことにします．ただ保型形式についての説明は容易ではないので，ここでは簡単にふれる程度であることをお含みおき願います．

　整数 a, b, c, d は $ad - bc = 1$ を満たすものとして

$$f\left(\frac{az+b}{cz+d}\right) = (cz+d)^{2k} f(z)$$

が成り立てば，関数 $f(z)$ は重さ $2k$ の保型形式と呼ばれています．そして正則な関数（厳密な議論を別として，ここでは微分が可能な関数としておきます）$f(z)$ は

$$f(z+1) = f(z)$$
$$f\left(-\frac{1}{z}\right) = z^{2k} f(z)$$

の二つの条件を満たすときに，重さ $2k$ の保型形式となることが知られています．

　今ここで注目しているアイゼンシュタイン級数 $G_{2k}(z)$ について結論だけを言えば，k が $k \geq 2$ の自然数であるとき，$G_{2k}(z)$ は重さ $2k, (2k = 4, 6, 8, \cdots)$ の保型形式となります．ただし $k = 1$ のときの $G_2(z)$ は，上の二つの条件のうち後の式を満たさないので，保型形式とは言えないのです．

　以降で扱うことになる正規化されたアイゼンシュタイン級数について，ここで簡単に述べておきましょう．

　正規化されたアイゼンシュタイン級数 $E_{2k}(z)$ は

$$E_{2k}(z) = \frac{G_{2k}(z)}{2\zeta(2k)}$$

で定められます．それゆえ，$E_{2k}(z)$ は

となります．例えば $k = 2, 3$ の場合には，k に対するそれぞれのベルヌーイ数 B_{2k} の値を適用することにより，$E_4(z)$ および $E_6(z)$ は以下のように書き表されます．

$$E_4(z) = 1 + 240 \sum_{n=1}^{\infty} \sigma_3(n) q^n$$
$$= 1 + 240(q + 9q^2 + 28q^3 + 73q^4 + 126q^5 + \cdots)$$
$$E_6(z) = 1 - 504 \sum_{n=1}^{\infty} \sigma_5(n) q^n$$
$$= 1 - 504(q + 33q^2 + 244q^3 + 1057q^4 + 3126q^5 + \cdots)$$

もちろん，その他の $E_8(z), E_{10}(z)$ などについても，同様な形で書き表すことができます．

なお $E_2(z)$ については

$$E_2(z) = 1 - 24 \sum_{n=1}^{\infty} \sigma_1(n) q^n$$

が成り立ちます．この $E_2(z)$ は保型形式ではないのですが，これにより後で述べるように，$z = i$ の場合の特殊値 $E_2(i)$ が求められることにもなるのです．

14.2 ヤコビの無限積表示とアイゼンシュタイン級数

この節において主なテーマとなるヤコビ（Jacobi）の無限積表示 $\Delta(z)$ は

$$\Delta(z) = q \prod_{n=1}^{\infty} (1 - q^n)^{24}, \quad (q = e^{2\pi i z})$$

により定義されます．

ここで見られる記号 $\prod_{n=1}^{\infty}$ はオイラー積のときと同様，$n = 1, 2, \cdots$ とお

いたときの項を掛け合わせた無限積を表しています．また，このときの変数 z はこれまでと同様，複素上半平面における z，すなわち $z = x + yi$ の虚部 $\Im z(= y) > 0$ とするものです．

このヤコビの無限積表示 $\Delta(z)$ の対数をとれば

$$\log \Delta(z) = 2\pi i z + 24 \sum_{n=1}^{\infty} \log(1 - q^n)$$

となります．そこで z について項別に微分すると

$$\bigl(\log \Delta(z)\bigr)' = 2\pi i - 24 \sum_{n=1}^{\infty} \frac{2\pi i n q^n}{1 - q^n} = 2\pi i \biggl(1 - 24 \sum_{n=1}^{\infty} \frac{n q^n}{1 - q^n}\biggr)$$

$$= 2\pi i \biggl(1 - 24 \sum_{n=1}^{\infty} \sum_{l=1}^{\infty} n q^{nl}\biggr) = 2\pi i \biggl(1 - 24 \sum_{m=1}^{\infty} \Bigl(\sum_{n|m} n\Bigr) q^m\biggr)$$

$$= 2\pi i \biggl(1 - 24 \sum_{m=1}^{\infty} \sigma_1(m) q^m\biggr) = 2\pi i E_2(z)$$

となります．ここに，ヤコビの無限積表示とアイゼンシュタイン級数の関係が示されることになります．

つぎにヤコビの無限積表示 $\Delta(z)$ は

$$\Delta\Bigl(\frac{az + b}{cz + d}\Bigr) = (cz + d)^{12} \Delta(z)$$

を満たしており，したがって重さ 12 の保型形式ということになります．ここでも整数 a, b, c, d は，$ad - bc = 1$ を満たすものとします．

保型形式という呼び方は，上の式のように型を保つという意味から来ているのです．

この式の対数をとると

$$\log \Delta\Bigl(\frac{az + b}{cz + d}\Bigr) = 12 \log(cz + d) + \log \Delta(z)$$

となります．さらに式を z で微分すると，今得られた $\bigl(\log \Delta(z)\bigr)' = 2\pi i E_2(z)$ および $ad - bc = 1$ であることを用いて

$$E_2\Big(\frac{az+b}{cz+d}\Big) = \frac{6c(cz+d)}{\pi i} + (cz+d)^2 E_2(z)$$

となり，$E_2(z)$ の変換公式が得られます．ここで $a=0$，$b=-1$，$c=1$，$d=0$ とおけば，上の式から $E_2(z)$ と $\frac{1}{z^2}E_2(-\frac{1}{z})$ の関係を表す式

$$E_2(z) = \frac{1}{z^2} E_2\Big(-\frac{1}{z}\Big) - \frac{6}{\pi i z}$$

が導かれます．この右辺の第 2 項には $-\frac{6}{\pi i z}$ が見られるのですが，これにより $E_2(z)$ は保型形式ではないということがわかります．

つぎにヤコビの無限積表示 $\Delta(z)$ を，以下のようにカッコを外して，展開した形で書き直します．このとき，例えば二項定理を用いることにより，計算は効率的に進めることができることになります．

$$\begin{aligned}
\Delta(z) &= q\Pi_{n=1}^{\infty}(1-q^n)^{24} = q(1-q)^{24}(1-q^2)^{24}(1-q^3)^{24}\cdots \\
&= q(1 - 24q + 276q^2 - 2024q^3 + \cdots) \\
&\qquad\times (1 - 24q^2 + 276q^4 - 2024q^6 + \cdots)\cdots \\
&= q\{1 - 24q + (276-24)q^2 + (576 - 2024 - 24)q^3 + \cdots\} \\
&= q - 24q^2 + 252q^3 - 1472q^4 + \cdots
\end{aligned}$$

このようにすることで，関数 $\Delta(z)$ は無限積から無限級数に形を変えて書き改められることになります．

この $\Delta(z)$ は以降において述べるように，さまざまな不思議な性質をもった関数であり，優美で，また見事な保型形式の例として，文献においてしばしば取り上げられているものです．

ここで一旦，正規化されたアイゼンシュタイン級数 $E_{2k}(z)$ についての話に戻ります．そして，前に述べた二つの関数，$E_4(z)$ と $E_6(z)$ についての話を続けながらもう少し探ってみたいと思います．

まず，$E_4(z)^3 - E_6(z)^2$ を q の展開式で表したいのですが，そのため先に

$E_4(z)^3$ および $E_6(z)^2$ のそれぞれについて計算しておけば，つぎのようになります．

$$E_4(z)^3 = 1 + 720q + 179280q^2 + 16954560q^3 + 396974160q^4 + \cdots$$
$$E_6(z)^2 = 1 - 1008q + 220752q^2 + 16519104q^3 + 399517776q^4 + \cdots$$

したがって，二つの式の差は

$$E_4(z)^3 - E_6(z)^2 = 1728q - 41472q^2 + 435456q^3 - 2543616q^4 + \cdots$$
$$= 1728(q - 24q^2 + 252q^3 - 1472q^4 + \cdots)$$

となることがわかります．

ここにおいて，ヤコビの無限積表示 $\Delta(z)$ が再び登場します．すなわち先程の $\Delta(z)$ の q を用いた展開式によれば

$$E_4(z)^3 - E_6(z)^2 = 1728\Delta(z)$$

となることが予想されることになります．

実際に $E_4(z)^3$ と $E_6(z)^2$ および $\Delta(z)$ の間には，この式が成り立つことが知られているのです．すなわち，二つのアイゼンシュタイン級数 $E_4(z), E_6(z)$ とヤコビの無限積表示 $\Delta(z)$ は互いに関係なく定められたのですが，実はこのように見事な形で，一つの式によって結ばれているのです．

つぎの話題にすすみましょう．

二つの関数 $g_2(z)$ と $g_3(z)$ を

$$g_2(z) = 60G_4(z) = \frac{4}{3}\pi^4 E_4(z)$$
$$g_3(z) = 140G_6(z) = \frac{8}{27}\pi^6 E_6(z)$$

と定めます．そしてこれらの式を上の $1728\Delta(z)$ についての式に代入することにより，こんどは $\Delta(z)$ を $g_2(z)$ と $g_3(z)$ を用いた式で表します．すると

$$\Delta(z) = \frac{1}{1728}\left(E_4(z)^3 - E_6(z)^2\right) = \frac{1}{(2\pi)^2}\left(g_2(z)^3 - 27g_3(z)^2\right)$$

となることがわかります．詳しいことは述べませんが，ここで最後の式に現れる $g_2(z)^3 - 27g_3(z)^2$ は，楕円曲線の理論において方程式

$$y^2 = 4x^3 - g_2(z)x - g_3(z)$$

の判別式として用いられるものです．右辺の x についての多項式が重根をもたなければ，判別式は 0 とはならないのです．また

$$j = \frac{1728g_2(z)^3}{g_2(z)^3 - 27g_3(z)^2}$$

は j 不変量と呼ばれるもので，やはり楕円曲線について用いられているものです．

なお方程式

$$y^2 = 4x^3 - g_2(z)x - g_3(z), \quad (g_2(z)^3 - 27g_3(z)^2 \neq 0)$$

で定められる曲線を楕円曲線と言います．この楕円曲線の理論と数論の間には深い関係があり，多くの研究の対象となっているのです．ただし，ここでいう楕円曲線は，初等数学でいう楕円 $\dfrac{x^2}{a^2} + \dfrac{y^2}{b^2} = 1, \quad (a > 0, \quad b > 0)$ とは異なるものです．

ところでヤコビの無限積表示 $\Delta(z)$ は

$$\Delta(z) = q - 24q^2 + 252q^3 - 1472q^4 + 4830q^5 - \cdots$$

となり，無限級数の形によって書かれるのでした．この式の係数において現れる $1, -24, 252, \cdots$ は $\tau(n)$ で表される関数の値であり，これはラマヌジャンの関数と呼ばれています．すなわち，インドの天才的な数学者であるラマヌジャン（Ramanujan）による級数展開

$$\Delta(z) = \sum_{n=1}^{\infty} \tau(n) q^n$$

は $\tau(n)$ を係数とするものです

実際，ラマヌジャンは多くの数の係数 $\tau(n)$ の値を求めていたのです．そ

れらの $\tau(n)$ の値の最初の部分は，順につぎのようになっています．

$$\tau(1) = 1, \quad \tau(2) = -24, \quad \tau(3) = 252, \quad \tau(4) = -1472$$
$$\tau(5) = 4830, \quad \tau(6) = -6048, \quad \tau(7) = -16744, \quad \cdots\cdots$$

なお関数 $\tau(n)$ については，乗法的であることが知られています．例えば

$$\tau(2)\tau(5) = -24 \cdot 4830 = -115920 = \tau(10)$$

となっています．すなわち，(n, m) は n と m の最大公約数を表すものとすれば，一般的につぎの性質が見られます．

$$(n, m) = 1 \text{ のとき } \tau(nm) = \tau(n)\tau(m)$$

つぎにラマヌジャンによる L 関数 $L(s, \Delta)$ は，上で得られた係数 $\tau(n)$ を用いて級数展開され

$$L(s, \Delta) = \sum_{n=1}^{\infty} \frac{\tau(n)}{n^s} = 1 - \frac{24}{2^s} + \frac{252}{3^s} - \frac{1472}{4^s} + \frac{4830}{5^s} - \cdots$$

と表されます．このとき p を素数として

$$L(s, \Delta) = \prod_p \frac{1}{1 - \tau(p)p^{-s} + p^{11-2s}}$$

が成り立つことをラマヌジャンは予想したのです．右辺にみられる $\prod_p$ は，もちろん無限積を表しています．

この式は予想された翌年の 1917 年に，モーデル (Mordell) により証明されたのでした．これにより $\tau(n)$ を分子とするディリクレ級数 $L(s, \Delta)$ は，オイラー積をもつということがわかります．ゼータ関数はオイラー積をもち，それは $\prod_p \left(1 - \frac{1}{p^s}\right)^{-1}$ で表されるのでした．またディリクレの L 関数についても，これと似た形のオイラー積で表されました．これに対して，$L(s, \Delta)$ にも同じようにオイラー積があるのですが，ゼータ関数やディリクレの L 関数の場合と比較したとき，分母に見られる p のべき，および項の係

数のところではかなり異なった形となっているのです.

ラマヌジャンは関数 $L(s, \Delta)$ について，このほかにも興味深いいくつかの事実を示し，または新たな予想をしました．そして保型形式についてはその後も多くの人達によって研究がなされ，新しい成果が見出されるようになったのです.

14.3　三つの見事な式

ここでは，アイゼンシュタイン級数 $G_{2k}(z)$ および正規化されたアイゼンシュタイン級数 $E_{2k}(z)$ において，$k=1$ としたときの $G_2(z)$ および $E_2(z)$ について考察することにします．続いてこれをもとにして，分母に $e^{2n\pi}$ を含む三種類の無限級数を導くことを目指します．これらの三つの級数は同じ値をもつことになるのですが，いずれも綺麗な形で表されることになるのです.

最初の節で挙げた $(***)$ の式において $k=1$ とすれば，$\sin(n\pi z) = \dfrac{e^{in\pi z} - e^{-in\pi z}}{2i}$ を用いて

$$G_2(z) = 2\zeta(2) - 2\pi \sum_{m=1}^{\infty} \frac{d}{dt} \cot \pi t \big|_{t=mz}$$
$$= 2\zeta(2) + 2\pi^2 \sum_{n=1}^{\infty} \frac{1}{\sin^2(n\pi z)}$$
$$= 2\zeta(2) - 8\pi^2 \sum_{n=1}^{\infty} \frac{1}{(e^{in\pi z} - e^{-in\pi z})^2}$$

となります．そして $\zeta(2) = \dfrac{\pi^2}{6}$ でしたから，$E_2(z)$ は

$$E_2(z) = \frac{G_2(z)}{2\zeta(2)} = 1 - 24 \sum_{n=1}^{\infty} \frac{1}{(e^{in\pi z} - e^{-in\pi z})^2}$$

と表されることになります.

そこで $z = i$ とおくと，$E_2(i)$ の値が求められることになります．和の分母を小数点以下 7 桁まで計算すると

$$E_2(i) = 1 - 24 \sum_{n=1}^{\infty} \frac{1}{(e^{n\pi} - e^{-n\pi})^2}$$
$$= 1 - 24\{(0.0018744\cdots) + (0.0000034\cdots) + \cdots\}$$
$$= 1 - \{(0.0449856\cdots) + (0.0000816\cdots) + \cdots\}$$

となります．この級数は収束し，そのときの値は後に述べるように，ちょうど $\dfrac{3}{\pi} = 0.954929\cdots$ になるのです．

前にも述べたように，一般的に保型形式 $f(z)$ は

$$f\left(-\frac{1}{z}\right) = z^{2k} f(z)$$

を満たすのですが，$G_2(z)$ は保型形式ではないので上の式を満たすことはなく

$$G_2\left(-\frac{1}{z}\right) = z^2 G_2(z) - 2\pi i z$$

となることが知られています．つまり，$-2\pi i z$ の項が残ることになるのです．また正規化された $E_2(z)$ については

$$E_2(z) = \frac{1}{z^2} E_2\left(-\frac{1}{z}\right) - \frac{6}{\pi i z}$$

となり，やはり $-\dfrac{6}{\pi i z}$ の項が残ることになります．これに関しては，前にもふれたところです．

これらの結果をもとにして，$G_2(i)$ および $E_2(i)$ のそれぞれの値を求めることができるのです．
$G_2\left(-\dfrac{1}{z}\right)$ に関する式において z を i とすれば

$$G_2(i) = -G_2(i) + 2\pi$$

となり

$$G_2(i) = \pi$$

が得られます．

さらに上の $E_2(z)$ に関する式において z を i とすると

$$E_2(i) = -E_2(i) + \frac{6}{\pi}$$

となり

$$E_2(i) = \frac{3}{\pi}$$

が得られるのです．

これまでに得られた $E_2(i)$ についての二つの式より

$$\frac{\pi}{3} = 1 - 24 \sum_{n=1}^{\infty} \frac{1}{(e^{n\pi} - e^{-n\pi})^2}$$

となります．そしてこの式は

$$\sum_{n=1}^{\infty} \frac{1}{(e^{n\pi} - e^{-n\pi})^2} = \frac{1}{24}\left(1 - \frac{3}{\pi}\right)$$

または

$$\sum_{n=1}^{\infty} \frac{1}{e^{2n\pi} - 2 + e^{-2n\pi}} = \frac{1}{24}\left(1 - \frac{3}{\pi}\right)$$

と書き変えられます．なおこの式は，章のはじめに挙げたものです．

また前述の

$$E_2(z) = 1 - 24 \sum_{n=1}^{\infty} \sigma_1(n) q^n$$

において $z = i$ を代入すると

$$E_2(i) = 1 - 24 \sum_{n=1}^{\infty} \frac{\sigma_1(n)}{e^{2n\pi}}$$

となるのですが，この値が $\frac{3}{\pi}$ であることから，結局つぎの式が成り立つことになります．

$$\sum_{n=1}^{\infty} \frac{\sigma_1(n)}{e^{2n\pi}} = \frac{1}{24}\left(1 - \frac{3}{\pi}\right)$$

ところで，この式の左辺については

$$\sum_{n=1}^{\infty} \frac{\sigma_1(n)}{e^{2n\pi}} = \sum_{n=1}^{\infty} \frac{n}{e^{2n\pi} - 1}$$

が言えます．なぜなら

$$\sum_{n=1}^{\infty} \frac{n^{k-1}q^n}{1-q^n} = \sum_{n=1}^{\infty} \sigma_{k-1}(n)q^n$$

が成り立つので，この式に $k=2, z=i$ とおけば得られるからです．なお今の式は

$$\sum_{n=1}^{\infty} \frac{n^{k-1}q^n}{1-q^n} = \sum_{n=1}^{\infty} n^{k-1}\Big(\sum_{m=1}^{\infty} q^{mn}\Big) = \sum_{n=1}^{\infty}\sum_{m=1}^{\infty} n^{k-1}q^{mn}$$
$$= \sum_{l=1}^{\infty} \Big(\sum_{n|l} n^{k-1}\Big)q^l = \sum_{l=1}^{\infty} \sigma_{k-1}(l)q^l = \sum_{n=1}^{\infty} \sigma_{k-1}(n)q^n$$

となることにより示されます．この過程においては，アイゼンシュタイン級数の場合でも見たように，$mn=l$ と置き換えて式の変形を進めています．

以上により

$$\sum_{n=1}^{\infty} \frac{n}{e^{2n\pi}-1} = \frac{1}{24}\left(1 - \frac{3}{\pi}\right)$$

が得られることになります．

この式を展開すれば

$$\frac{1}{e^{2\pi}-1} + \frac{2}{e^{4\pi}-1} + \frac{3}{e^{6\pi}-1} + \frac{4}{e^{8\pi}-1} + \frac{5}{e^{10\pi}-1} + \cdots = \frac{1}{24}\left(1-\frac{3}{\pi}\right)$$

に書き改められます．こうすることによって，式の美しさが改めて伝わってくるように思われます．この場合，式の値（右辺）を小数で書けば $0.0018779\cdots$ となります．ところで，左辺の第1項は $0.0018709\cdots$ であり，また第2項は $0.0000069\cdots$ と続くのですが，いずれにしても級数は急激に減少し，収束することになるのです．

ラマヌジャンは1887年にインドで生まれた，まさに天才的な数学者でし

た．イギリスのケンブリッジ大学のハーデイのところで，短期間であったのですが留学をしたことがあります．ラマヌジャンは，ラマヌジャンの予想をはじめ，多くの予想または結果を，証明なしで残したのでした．しかし残念なことに，病のためにその人生は 32 年という短いものであったのです．このようななかで，ラマヌジャンによる成果は，その後に続く現代の数学の発展のために大きく寄与することにもなったのです．

これまでの議論についてまとめれば，同じ値となる三つのエキゾチックな式が導かれるということになります．それらをここに，もう一度並べて書いておきましょう．

$$\sum_{n=1}^{\infty} \frac{\sigma_1(n)}{e^{2n\pi}} = \frac{1}{24}\left(1-\frac{3}{\pi}\right)$$

$$\sum_{n=1}^{\infty} \frac{n}{e^{2n\pi}-1} = \frac{1}{24}\left(1-\frac{3}{\pi}\right)$$

$$\sum_{n=1}^{\infty} \frac{1}{e^{2n\pi}-2+e^{-2n\pi}} = \frac{1}{24}\left(1-\frac{3}{\pi}\right)$$

これらの式は，ネイピアの数 e を底とし，べきが円周率 π で書かれる指数関数の数 $e^{2n\pi}$ を用いた級数で表されているところに，その魅力と美しさが見いだされるのです．

参考文献

本書の執筆に際して参考にした文献を，以下に掲げておきます．

荒川恒男・伊吹山知義・金子昌信,「ベルヌーイ数とゼータ関数」, 牧野書店, 2008 年
Alan Jeffrey 著, 穴田浩一・内田雅克・柳谷晃訳,「数学公式ハンドブック」, 共立出版, 2011 年
井町昌弘・内田伏一,「物理数学コース フーリエ解析」, 裳華房, 2009 年
N. コブリッツ著, 上田勝・浜畑芳紀訳,「楕円曲線と保型形式」, シュプリンガー・ジャパン, 2006 年
加藤明史,「ガウス 整数論への道」, 現代数学社, 2009 年
加藤和也,「素数の歌が聞こえる」, ぷねうま舎, 2012 年
木村達雄・竹内光弘・宮本雅彦・森田純,「代数の魅力」, 数学書房, 2009 年
黒川信重,「オイラー探検 無限大の滝と 12 連峰」, シュプリンガー・ジャパン, 2010 年
黒川信重・栗原将人・斎藤毅,「数論 II 岩澤理論と保型形式」, 岩波書店, 2010 年
小山信也,「素数とゼータ関数（数学の輝き 6）」, 共立出版, 2015 年
J.J.Y. Liang and John Todd, "The Stieltjes Constants", JORNAL OF RESEARCH of the National Bureau of Standards-Mathematical Science Vol.768, Nos 3 and 4, July–December 1972
J.P. Serre 著, 彌永健一訳,「数論講義」, 岩波書店, 1979 年
Julian Havil 著, 新妻弘監訳,「オイラーの定数ガンマ γ で旅する数学の世界」, 共立出版, 2009 年
ジョン・ダービーシャー著, 松浦俊輔訳,「素数に憑かれた人たち」, 日経 BP 社, 2009 年
杉浦光夫,「解析入門 II（基礎数学 3）」, 東京大学出版会, 2011 年
高木貞治,「定本 解析概論」, 岩波書店, 2010 年
竹之内脩・伊藤隆,「π –π の計算– アルキメデスから現代まで」, 共立出版, 2007 年
谷川明夫,「フーリエ解析入門」, 共立出版, 2010 年
寺澤順,「π と微積分の 23 話」, 日本評論社, 2008 年
Pascal Sebah and Xavier Gourdon, "Introduction to the Gamma Function", 2002 年
松本耕二著, 中村佳正・野海正俊編集,「リーマンのゼータ関数（1 開かれた数学）」, 朝倉書店, 2010 年
山本芳彦,「数論入門（現代数学への入門）」, 岩波書店, 2003 年
吉田武,「オイラーの贈物 人類の至宝 $e^{i\pi} = -1$ を学ぶ」, 東海大学出版会, 2010 年
YEO・エイドリアン著, 久保儀明・蓮見亮訳,「π と e の話, 数の不思議」, 青土社, 2008 年
若原龍彦,「美しい無限級数 ゼータ関数と L 関数をめぐる数学」, プレアデス出版, 2017 年

　　　筆者によるこの本は主に無限級数について書かれたものですが, ゼータ関数, ガンマ関数, オイラーの定数や素数定理などについてもふれられています. 本書の執筆に際しては, とくにこれらの箇所について参考としたところがあります.

人名年表

ユークリッド　Euclid　B.C. 4 世紀頃 – 3 世紀頃
ヴィエト　Viète　1540–1603
ネイピア　Napier　1550–1617
フェルマー　Fermat　1601–1665
ウォリス　Wallis　1616–1703
ブラウンカー　Brouncker　1620–1684
メルカトール　Mercator　1620–1687
グレゴリー　Gregory　1638–1675
関孝和　1640–1708
ライプニッツ　Leibniz　1646–1716
ヤコブ・ベルヌーイ　Jakob Bernoulli　1654–1705
ロピタル　L'Hôpital　1661–1704
ド・モアブル　de Moivre　1667–1754
マチン　Machin　1680?–1751
テイラー　Taylor　1685–1731
マクローリン　Maclaurin　1698–1746
オイラー　Euler　1707–1783
ルジャンドル　Legendre　1752–1833
フーリエ　Fourier　1768–1830
ガウス　Gauss　1777–1855
コーシー　Cauchy　1789–1857
ヤコビ　Jacobi　1804–1851
ディリクレ　Dirichlet　1805–1859
ワイヤシュトラス　Weierstrass　1815–1897
チェビチェフ　Chebyshev　1821–1894
リーマン　Riemann　1826–1866
スティルチェス　Stieltjes　1856–1894
アダマール　Hadamard　1865–1963
ド・ラ・ヴァレ・プサン　de la Vallée Poussin　1866–1962
リトルウッド　Littlewood　1885–1977
ラマヌジャン　Ramanujan　1887–1920
モーデル　Mordell　1888–1972
アペリ　Apery　1916–1994

索引

あ 行

アイゼンシュタイン級数 203
アダマール 39, 69, 76
アペリ 102
1 の N 乗根 58, 61
ウォリス 18
ウォリスの公式 18, 141
n 番目の素数 84
L 関数 150, 152
円周率 10, 22, 101, 151, 168, 172, 190, 197
オイラー 29, 77, 92, 100, 102, 124, 137, 175
オイラー関数 61, 75
オイラー数 103
オイラー積 94, 153, 213
オイラーの公式 54
オイラーの定数 ... 117, 121, 155, 165, 175, 184, 194, 197
オイラーの和公式 123, 184
オイラー・マクローリンの和公式 124

か 行

ガウス 67, 142
ガウス記号 121
ガウスの公式 141
関数等式 136
ガンマ関数 136, 155
ガンマ関数の相補公式 146
ガンマ関数の 2 倍公式 147
逆関数 14

逆正接関数 14
極形式 59, 195
虚数単位 54
区分求積法 31, 46
グレゴリーの級数 15, 60
交代級数 12, 92, 93, 102, 105, 161
コーシー 39
誤差項 124

さ 行

自然数 12
自然対数 27, 29
自然対数 $\log 2$
.... 44, 47, 160, 172, 194, 197
条件収束 94
常用対数 27, 29
剰余項 38
剰余類 153
スティルチェス定数 187
正規化されたアイゼンシュタイン級数
.... 207, 210
正項級数 92, 161
ゼータ関数
.... 91, 100, 112, 150, 175, 184
関孝和 99
絶対収束 94
素数定理 67

た 行

楕円曲線 212
単調減少関数 15
単調増加関数 14

チェビチェフ ……………………………… 68
置換積分 ……………………………… 138
調和級数 ……………………………… 93, 117
ディガンマ関数 ………… 143, 155, 165
ディガンマ関数の相補公式
　　　　……………………… 146, 149, 167
ディガンマ関数の2倍公式 …… 147, 167
テイラー展開 ……………… 33, 37, 58
ディリクレ ………………… 73, 108, 166
ディリクレ指標 ……………………… 163
ディリクレのL関数 ………… 153, 163
ディリクレの算術級数定理 ………… 73
等差数列 ……………………………… 73
等比数列の和の公式 ………………… 44
ド・モアブルの公式 ………………… 56
ド・ラ・ヴァレ・プサン …… 69, 76, 79

な 行
二項係数 ……………………………… 126
ネイピア ……………………………… 29
ネイピアの数 ……………… 27, 190, 197

は 行
ヴィエト ……………………………… 23
フーリエ級数 ……………… 107, 112
フーリエ係数 ……………………… 107
フェルマー …………………………… 77
部分積分 ………………… 18, 70, 137
ブラウンカー ………………………… 23
べき級数 ……………………………… 39
ベルヌーイ ………………… 99, 127
ベルヌーイ数 ……………… 97, 99
ベルヌーイ多項式 ………………… 126
保型形式 ……………………… 207, 209

ま 行
マクローリン ……………………… 124
マチン ………………………………… 16
マチンの公式 ………………………… 16
無限積
　…… 18, 19, 94, 100, 139, 201, 209
無限等比級数 ……………………… 160
無理数 ………………………………… 12
メルカトールの級数 …… 44, 60, 135, 171
もうひとつの数 …………………… 105
モーデル ……………………………… 213

や 行
ヤコビの無限積表示 ……………… 209
ユークリッド ………………………… 66
有理数 ……………………… 12, 98, 101

ら 行
ライプニッツ ………………………… 14
ライプニッツの級数 …… 12, 61, 172
ラマヌジャン ……………… 212, 217
ラマヌジャンの関数 ……………… 212
リーマン ……………………… 69, 188
リーマン予想 ……………………… 189
リトルウッド ………………………… 77
ルジャンドル ………………………… 68
ルジャンドルの公式 ……………… 147
連分数 ……………………… 41, 46
ローラン展開 ……………………… 187
ロピタルの定理 ……………………… 28

わ 行
ワイヤシュトラスの積表示 ……… 139

著者プロフィール

若原　龍彦（わかはら・たつひこ）

　1945年愛知県に生まれる。東京外国語大学ドイツ語学科卒業後、東京海上火災保険（株）〈現在の東京海上日動火災保険（株）〉入社。定年退職後、岐阜大学工学部数理デザイン工学科卒業。同大学工学研究科数理デザイン工学専攻修了。

　著書に『図と数式で表す黄金比のふしぎ』プレアデス出版（2010年）、『正五角形の対角線／一辺の長さ＝黄金比を示す172の証明』創英社／三省堂書店（2011年）、『美しい無限級数　ゼータ関数とL関数をめぐる数学』プレアデス出版（2017年）がある。

美しい数学を描く
$\pi, e,$ とオイラーの定数 γ

2019年9月10日　第1刷発行

著　者	若原　龍彦
発行者	堺　公江
発行所	株式会社 講談社エディトリアル
	〒112-0013　東京都文京区音羽1-17-18　護国寺SIAビル6F
	電話（代表）03-5319-2171　（販売）03-6902-1022
装　幀	next door design
印刷・製本	豊国印刷株式会社

定価はカバーに表示してあります。
落丁本・乱丁本は、ご購入書店名を明記のうえ、講談社エディトリアルにお送りください。
送料小社負担にてお取り替えいたします。
本書の無断複写（コピー）は著作権法上での例外を除き、禁じられています。

©Tatsuhiko Wakahara 2019 Printed In Japan
ISBN978-4-86677-042-0